KB237466

Think Green!
Love Lohas!

자연과 사람을 공경하는
당신이 아름답습니다!

인간과 지구는 함께 살아가는 동반자입니다.
살림로하스는 개인의 건강뿐만 아니라 사회의 건강, 자연의 건강을 추구합니다.
잘 먹고 잘 사는 웰빙을 넘어 인류와 지구를 생각하는 작지만 큰 실천을 담고 있습니다.
지구도 살고 인간도 사는 로하스 라이프!
작은 습관의 변화가 큰 변화를 만들어 냅니다.

| 일러두기 |

1 먹을거리의 기본은 맛입니다. 몸에 좋은 먹을거리도 맛이 있어야 즐겁습니다.
살림로하스는 좋은 재료 자체의 맛을 살리는 최소한의 레시피로 건강한 맛을 추구합니다.

2 모든 먹을거리는 믿을 수 있는 재료로 만든 건강한 요리여야 합니다.
살림로하스의 모든 레시피는 몸에 좋지 않은 것은 아무것도 넣지 않아 걱정 없이 즐길 수 있습니다.

3 요리는 즐거워야 합니다. 레시피에 얽매이다 보면 요리가 어렵게 느껴집니다.
재료 중 준비하기 어려운 것은 비슷한 맛이 나는 것으로 대체하거나 넣지 않아도 무방합니다.
좋아하는 재료를 더 넣어도 좋습니다. 살림로하스의 레시피를 가이드라인으로 삼아 자기만의
요리 스타일을 살려 보세요. 단 요리 초보자라면 레시피대로 하는 것이 좋습니다.

4 이 책의 요리 재료는 모두 2인분을 기준으로 만들었습니다.

골고루 먹어야 건강하다

빛깔 담은
자연밥상

김영빈

살림Life

에코人이 함께 만든 책!
먼저 읽어 봤어요!

오미진 | 경기도 화성시 향남읍

상을 차리면서 은근히 따지게 되는 것이 색깔의 조화죠. 마음 같아서는 매끼 오색찬란한 음식을 올리고 싶지만 어디 그게 쉬운 일인가요. 하지만 걱정 안 해도 될 것 같네요. 이 책이 몇 가지 밑반찬을 이용해 어렵지 않게 다섯 색깔 요리를 밥상에 올릴 수 있는 방법을 알려 주니까요. 컬러푸드의 영양성분까지 꼼꼼하게 나와 있으니 꼭 주부가 아니더라도 건강한 먹을거리에 관심을 갖고 있는 남녀 모두에게 유익할 것 같습니다.

유경옥 | 서울시 중구 장충동

채소나 과일, 곡류 등 색에 따라 각기 다른 영양분을 가지고 있는 음식을 효과적으로 조리하는 방법부터 짚어 주는 책입니다. 영양분의 흡수를 높이는 컬러푸드 건강궁합, 몸에 해로운 컬러푸드 등 잘 알지 못했던 내용들이 자세히 나와 있어 도움이 되네요. 건강 레시피 부분에서는 어떤 요리가 어떤 증상에 좋은지 표기되어 있어 병증에 맞게 쓰기도 편합니다. 비교적 간단한 조리법이 많다는 점도 큰 장점으로 들고 싶네요.

이금숙 | 경기도 부천시 소사구

개성 강한 요리를 건강 요리법, 밑반찬, 간식, 별미 등 파트별로 나누어 소개한 구성이 한눈에 들어와 보기 편하네요. 가정에서 자주 만드는 요리에 약간의 색깔만 더해 맛깔나게 살리는 방법이 나와 유용했습니다. 요리법 외에도 오색 음식에 대한 여러 내용이 들어 있어서 좋았답니다.
특히 다섯 색깔 컬러푸드를 우리나라 전통 색채 체계인 오방색과 연관 지어 설명한 부분은 무척 인상 깊었어요. 예부터 컬러푸드를 알고 이용한 우리 조상님들의 지혜에 다시 한 번 감탄하게 되네요.

※ 「살림로하스」 원고 모니터링에 참여해 주신 한살림, 파주두레생협, 마포두레생협 조합원 100여 분께 감사드립니다.

식재료 고유의 색깔에 숨은
백세 건강의 비밀

건강하게 오래 사는 것은 적절한 운동, 좋은 환경, 마음 나눌 친구 등 주변의 여러 요소가 함께 어우러져야 가능한 일이지요. 하지만 그 중에서도 가장 중요한 것은 역시 먹을거리가 아닐까요. 사계절 내음이 가득한 컬러푸드를 이용해 각각의 영양소가 풍부하게 어우러진 식단으로 상을 차린다면 백세까지 건강하게 사는 꿈이 실현될 것입니다. 자연 그대로의 식품이 가진 갖가지 색깔에는 건강의 비밀이 숨어 있으니까요. 붉은 토마토는 암과 심장질환 예방에 탁월하고 초록색 키위와 브로콜리는 임산부의 필수 영양제이며 검정색 우엉은 변비 해소와 당뇨 치유의 일등공신이지요. 냉장고에서 잠자고 있던 채소와 과일로 식탁에 화려한 무지개를 띄워 보는 건 어떨까요.

컬러푸드 연구는 비만인구가 많고 육식을 선호하는 미국에서 시작되었습니다. 그들은 10여 년 전부터 '5 a Day' 캠페인 즉, 하루에 다섯 가지 컬러의 채소, 과일, 곡류를 섭취하는 운동을 펼쳤는데 그 결과 컬러푸드를 섭취하면 각종 성인병과 암 같은 치명적인 질병의 발병률을 현저히 낮출 수 있다는 사실이 밝혀졌지요. 이는 뜨거운 자외선으로부터 스스로를 보호하기 위해 식물이 생성한 물질이 우리 몸에 좋은 영향을 주기 때문입니다. 컬러푸드의 색이 진할수록 효과가 뛰어난 이유이기도 하지요. 햇빛을 받고 자란 건강한 제철 채소나 과일, 곡류 등에 함유되어 있는 '피토케미컬'은 해로운 활성산소를 막고 세포 재생을 도와 질병에 대한 면역력이나 저항력

을 키우고 노화도 효과적으로 방지해 줍니다. 색은 기분과 식욕에 영향을 미치기도 하지요. 어떤 색은 마음을 편안하고 안정되게 만들지만 어떤 색은 활력을 주기도 합니다. 따라서 컬러푸드를 잘 사용하고 감정 에너지를 조절하면 매일을 활기차게 보낼 수 있을 것입니다.

빨강, 노랑, 초록, 흰색, 검정 등 컬러푸드의 각각의 색에는 고유한 기능이 있어 다섯 가지 색을 균형 있게 섭취하는 게 중요합니다. 매일 먹는 간단한 기본 식단을 컬러푸드로 바꾸면 보약이 필요 없을 정도지요. 컬러푸드라고 유별난 건 아니랍니다. 시절음식이 발달하고 채식이 중심이 되는 우리 밥상은 조금만 신경 쓰면 컬러푸드 건강밥상으로 화려하게 거듭날 수 있습니다. 이왕이면 다양한 컬러의 음식을 조금씩이라도 매일 먹는 식습관을 가진다면 금상첨화겠지요. 이 책에는 굳이 멀리 가서 장을 보지 않아도 손쉽게 차릴 수 있는 식품들을 선별해 담아 보았습니다. 외국 식단에 따라 차려져 우리 입맛에는 맞지 않는 음식도 넣지 않았습니다. 컬러푸드라고 거창하고 어렵게 생각할 필요는 없습니다. 지갑을 열지 않아도 됩니다. 장 보러 가지 않아도 되지요. 지금 이 책을 읽고 냉장고 문을 열어 보세요. 냉장고 안에는 이미 가족들의 건강을 책임질 친근한 컬러푸드들이 숨어 있을 겁니다. 재료들을 꺼내어 건강 조리법에 맞춰 조리만 시작하면 된답니다. 자, 이제 컬러푸드의 세계에 빠져 볼까요?

김영빈

한눈에 보는 레시피

약 대신 컬러를 먹자, 건강 레시피

 토마토볶음밥 026

 대추찹쌀죽 029

 수박조청차 031

 단호박된장소스무침 03

 양파오징어볶음 044

 도라지배차 047

 무잔새우조림 049

 포도생강차 05

우리 집 밥상, 컬러푸드로 바꾸기

 모둠콩청국장 062

 두부채소소박이조림 064

 콩나물볶음 067

 김채소무침 06

주말의 아침 겸 점심, 간식 컬러푸드

 토마토연두부차조샐러드 082

 훈제연어흑미샐러드 085

 바나나너트샌드위치와 오이오렌지주스 086

 감자채소버거 08

밥이 싫은 날에는 별미 컬러푸드

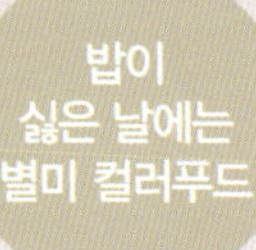

 감자바지락옹심이 104

 파프리카두부잡채 107

 토마토가지냉소면 108

 두유컬러파스타 11

당근수프 034

고구마두유 036

녹차두부탕 038

브로콜리감자샐러드 041

부추사과주스 042

우엉주먹밥 053

검은땅콩죽 054

시금치파프리카볶음 070

갈치단호박조림 073

김치볶음감자밀쌈 074

애호박새우살볶음 077

굴부추볶음두부카나페 079

오자죽과 구운 채소 090

현미인절미구이와 과일꼬치 092

단호박영양달걀찜 094

고구마밤콩수프 096

결무오미자물냉면 112

모둠채소양장피냉채 115

과일냉잡채 116

해물무쌈 119

Contents

차 례

Chapter 01
내 몸을 살리는 건강 컬러푸드

012 왜 컬러푸드인가?
014 컬러푸드의 종류와 효능
016 매일 건강 지킴이 컬러푸드 식사법
018 영양균형 잡아 주는 컬러푸드 건강 조리법
020 영양흡수 높이는 컬러푸드 건강궁합
022 몸에 해로운 컬러푸드

Chapter 02
약 대신 컬러를 먹자, 건강 레시피

026 토마토볶음밥 피부 미용
029 대추찹쌀죽 신경 안정
031 수박조청차 혈관계 질환과 부종 예방
033 단호박된장소스무침 다이어트
034 당근수프 간 기능 개선
036 고구마두유 장 건강 개선
038 녹차두부탕 중금속 해독
041 브로콜리감자샐러드 위암 예방
042 부추사과주스 정력 증진
044 양파오징어볶음 동맥경화와 고지혈증 치료
047 도라지배차 폐와 목 보호
049 무잔새우조림 소화 장애 개선
050 포도생강차 피로 회복
053 우엉주먹밥 당뇨 개선
054 검은땅콩죽 노화 방지

LOHAS People | 전통 천연염색 장인 홍루까
056 바다를 감싸 안고 하늘을 담은 예술, 천연염색

Chapter 03
우리 집 밥상, 컬러푸드로 바꾸기

062 모둠콩청국장
064 두부채소소박이조림
067 콩나물볶음

069 김채소무침
070 시금치파프리카볶음
073 갈치단호박조림
074 김치볶음감자밀쌈
077 애호박새우살볶음
079 굴부추볶음두부카나페

Chapter 04
주말의 아침 겸 점심, 간식 컬러푸드

082 토마토연두부차조샐러드
085 훈제연어흑미샐러드
086 바나나너트샌드위치와 오이오렌지주스
089 감자채소버거
090 오자죽과 구운 채소
092 현미인절미구이와 과일꼬치
094 단호박영양달걀찜
096 고구마밤콩수프

친환경생활수기공모전 수상작 | 임은영

098 친환경 살림으로 지키는 푸른 지구

Chapter 05
밥이 싫은 날에는 별미 컬러푸드

104 감자바지락옹심이
107 파프리카두부잡채
108 토마토가지냉소면
111 두유컬러파스타
112 열무오미자물냉면
115 모둠채소양장피냉채
116 과일냉잡채
119 해물무쌈

120 믿고 살 수 있는 친환경 매장
123 나에게 맞는 유기농 가게 찾기

내 몸을 살리는 건강 컬러푸드

햇빛을 받고 자란 채소나 과일, 곡류에는 뜨거운 자외선이나 곰팡이, 해충 등으로부터 스스로를 보호하기 위해 만들어 낸 방어 물질이 있다. 이렇게 식물이 만들어 내는 화학 물질을 피토케미컬이라고 하는데, 이 방어 물질을 사람이 먹으면 해로운 활성산소를 제거하고 신선한 세포를 재생시켜 질병이나 노화 방지에 탁월한 효과를 보인다. 피토케미컬은 화려하고 짙은 색소에 많이 들어 있기 때문에 색이 선명한 과일과 채소, 곡류 등은 색상에 따라 다양한 영양을 지닌다.

왜 컬러푸드인가?

사과의 붉은빛, 포도의 보랏빛, 호박의 노란빛 등은 모두 식물들이 만들어 낸 자체 방위수단인 피토케미컬이다. 식욕을 자극하고 눈을 현혹하는 식물의 화려한 색상들은 우리 몸을 건강하게 하는 자연의 선물이기도 하다.

자연의 선물, 컬러푸드

1990년대 초반 미국에서는 색깔이 있는 과일이나 채소의 섭취를 통해 암, 심장병, 당뇨병 등 치명적인 질병 발생률을 32퍼센트나 낮출 수 있다는 연구 결과가 발표되었다. 이를 토대로 미국 국립암센터와 농무성이 '5 A Day the Color Way(다양한 색깔의 과일·채소를 하루 다섯 개 이상 먹어라!)'라는 캠페인을 대대적으로 벌인 후 컬러푸드는 전 세계의 생활 먹을거리의 한 흐름이 되었다. 전통 한식을 버리고 인스턴트와 간편식의 비중이 점점 늘어나고 있는 우리나라에서도 컬러 영양 균형을 짚어 보아야 할 시기이다. 비만과 각종 성인병, 암 등의 발병률이 늘어나고 있는 현재 우리의 식단은 육식과 패스트푸드가 만연한 미국의 식단과 다를 바 없다.

컬러푸드 식사법은 채식 식단을 기본으로 다양한 컬러의 먹을거리를 매일 골고루 먹는 것을 기본으로 한다. 햇빛을 받고 자란 채소나 과일, 곡류의 독특한 색깔을 내는 피토케미컬이 항암작용과 노화 방지 등에 탁월한 효과가 있음이 속속 밝혀지고 있다. 과일과 채소, 곡류의 색은 진할수록 효과가 좋다.

전통의 컬러푸드 오방색

전통 한식 밥상에도 컬러푸드의 비밀이 숨어 있는데 바로 오방색이다. 오방색의 바탕에는 음양오행 사상이 뿌리 깊게 깔려 있다. 모든 사물은 음과 양으로 이루어져 서로 조화를 이루며 구성이 된다는 음양오행 사상에서, 다섯 가지 기운의 현상으로 생명이 생겨나고 쇠하는 유지 속성의 기운을 오행이라 한다. 오행을 오색으로 나타낸 빨강, 흰색, 검정, 노랑, 파랑 다섯 가지 색상을 오방색이라 한다. 오방색은 다섯 가지 물질인 목, 화, 토, 금, 수(木, 火, 土, 金, 水)의 기운이 서로 어울려 인체의 각 부위인 오장육부의 건강에도 관여한'다는 이론이다.

붉은색 ┃ 불의 기운을 가지며 심장의 건강에 관여한다. 입과 연결되며 쓴맛을 나타내는 색으로 여름을 상징한다.

흰 색 ┃ 금의 기운을 가지며 폐의 건강에 관여한다. 코와 연결되며 매운맛을 나타내는 색으로 가을을 상징한다.

검은색 ┃ 물의 기운을 가지며 신장의 기능에 관여한다. 귀와 연결되며 짠맛을 나타내는 색으로 겨울을 상징한다.

노란색 ┃ 흙의 기운을 가지며 비장의 건강에 관여한다. 입과 연결되며 단맛을 나타내는 색이다.

청 색 ┃ 나무의 기운을 가지며 간장의 건강에 관여한다. 눈과 연결되며 신맛을 나타내는 색으로 봄을 상징한다.

선조들은 음식물이 가지는 독특한 색깔이 인간의 오장육부의 활동과 건강에 영향을 미치며 치유력을 갖고 있다고 믿었다. 장을 담그고 장독에 붉은 고추를 끼운 금줄을 걸어 나쁜 기운의 접근을 막았고 팥죽, 시루떡의 붉고 검은 기운이 음의 기운을 물리친다고 믿었으며 국수나 가래떡의 흰색으로 무병장수를 기원하고 음식에 오색고명을 올려 오행에 순응하는 복을 빌었다. 음식의 컬러 에너지를 섭취함으로써 색깔이 가지는 기운을 받아들여 건강을 유지하고, 감정이나 기운, 기분까지 조절할 수 있다고 믿고 밥상을 차리고 음식을 먹었던 것이다. 서구의 컬러푸드가 외형적인 섭식 건강법에 치중했다면 우리의 오방색은 좀 더 내면적이고 심화된 컬러건강법이라고 볼 수 있다.

컬러푸드의 종류와 효능

과일, 채소, 곡류 등은 고유의 색깔에 따라 각기 다른 영양과
건강 증진 효능을 지닌다. 알고 먹으면 더 건강해지는
다섯 가지 컬러푸드의 형형색색 효능에 대하여 알아보자.

심장을 튼튼하게 하고 암을 예방하는 레드 Red

색채의 성질 | 붉은색은 흥분을 유발하는 컬러로 역동적인 에너지를 방출하여 몸을 활기차게 한다. 우울증을 완화
시켜 주며 부정적인 사고와 감정을 버리고 자신감과 진취적인 사고를 갖게 해 준다.

식품의 효능 | 식품 속의 붉은색은 혈액순환을 돕고 신진대사를 활기차게 하여 에너지와 활기를 증진시킨다. 붉은
색이 짙을수록 항산화 효과가 있는 피토케미컬이 많다. 레드 푸드들은 피를 맑게 하고 심장병과 고혈
압, 동맥경화, 각종 성인병 예방에 효과적이며 면역력을 증가시킨다.

피토케미컬 | 붉은색 식품들은 리코펜을 많이 함유하는데, 리코펜은 혈관계 질환을 예방하고 폐질환을 완화시키며,
남성의 정력 향상에 도움을 주는 것으로 유명하다.

해당 식재료 | 토마토, 딸기, 고추, 사과, 수박, 석류, 오미자, 복분자, 레드와인, 비트, 대추, 팥

간을 소생시키는 그린 Green

색채의 성질 | 초록색은 긴장을 완화시켜주는 색으로 심리적으로 불안한 현대인들의 스트레스를 풀어 주고 장기나
순환기능을 원활하게 하는 치유의 효과가 있다.

식품의 효능 | 혈액순환을 원활히 하여 동맥경화를 막고, 호르몬 분비를 촉진시켜 세포를 젊고 건강하게 만든다. 배
변 작용, 다이어트 효과가 있고, 동맥경화와 혈압상승을 억제하여 폐와 간의 건강을 지켜 준다.

피토케미컬 | 식물의 초록색은 대부분 엽록소이다. 엽록소는 초록색 혈액이라 불리는데 세포를 재생시키고 콜레스
테롤 수치를 내려 줘 혈압을 낮추는 역할을 하여 각종 성인병을 예방하는 데 효과가 있다. 또한 항산
화 기능이 있어 노화를 방지하는 역할도 한다.

해당 식재료 | 브로콜리, 시금치, 녹차, 올리브오일, 매실, 솔잎, 키위, 아스파라거스

노화 방지에 효과적인 옐로^{Yellow}

색채의 성질 | 노란색은 호기심을 유발시켜 삶에 흥미와 즐거움을 주며 우울하거나 무기력한 사람에게 희망을 준다. 새로운 아이디어를 얻고 결정하는데 도움을 주기도 하며 긍정적으로 사물을 바라보는 능력을 준다.

식품의 효능 | 노화를 억제하며 혈액순환을 돕고 콜레스테롤 저하에 효과적이며 발육 촉진, 피부 보호, 항암 작용, 체중 감소 등의 효과를 보인다.

피토케미컬 | 노란색 식품들에는 체내에서 비타민A로 바뀌는 카로티노이드계 색소가 들어 있다. 카로티노이드계 색소는 피토케미컬 중 가장 강력한 질병 예방제로 알려져 있는데 세포의 노화를 막고 질병이 확대되는 것을 막아 준다. 강력한 항산화 효과와 항암 효과가 있어 폐암을 예방하는 식품들이라는 연구 결과도 있다. 또 식욕을 증진시키는 색으로 소화까지 촉진한다.

해당 식재료 | 감, 밤, 귤, 감자, 고구마, 복숭아, 살구, 바나나

몸속을 정화하는 화이트^{White}

색채의 성질 | 흰색은 순수하고 깨끗하고 깔끔한 이미지를 나타낸다. 생각과 근심이 많은 현대인들에게 삶의 휴식 같은 여유를 제공한다.

식품의 효능 | 땅에서 나는 매운맛이 있는 뿌리채소가 많다. 항바이러스, 항박테리아 성분이 있어서 몸속의 발암물질을 제거하고 혈액순환에 좋으며 면역력을 높여 준다. 무, 도라지, 더덕, 배, 마늘과 같이 가을과 겨울에 폐 기능을 강화시켜 독감이나 기관지 계통의 질병을 예방하는 효과를 가진 식품들이 많다.

피토케미컬 | 화이트 푸드에는 플라보노이드 계열인 안토크산틴 색소가 들어 있다. 안토크산틴은 공해 물질을 배출하고, 각종 바이러스에 대한 저항력을 길러 준다.

해당 식재료 | 양파, 버섯, 굴, 마늘, 무, 양배추, 참깨, 콩, 도라지, 더덕, 인삼, 콩나물

젊음을 찾아 수는 신약, 블랙^{Black}

색채의 성질 | 검은색은 딱딱하고 무거운 느낌과 단정하고 정확한 느낌을 준다. 두려움과 억압 등의 정신적인 문제가 있을 때 정서안정 작용을 하여 생리적인 부담을 덜어 준다.

식품의 효능 | 시각이나 미각을 증진시키는 색은 아니지만 우리 몸의 기력을 회복시키고 활기를 주는 식품들을 포함한다. 시력 회복에 효과가 있는 것이 많다. 신장과 관련된 식품이 많아 정력증강에 좋고 수분 소통을 원활히 하여 부종을 해소하며 두뇌 회전을 돕는다. 블랙 푸드를 섭취하면 머리카락에 윤기가 흐르고 탈모도 예방할 수 있다.

피토케미컬 | 검은색 식품에는 안토시아닌계 색소가 들어 있다. 항산화 작용이 뛰어난 안토시아닌은 혈전 형성을 억제하고 혈관을 깨끗하게 하여 심장 질환과 뇌졸중 위험을 줄여 주고, 혈액순환을 개선해 준다. 또한 항바이러스와 항균 화합물이 많이 들어 있으며, 암을 억제해 주는 폴리페놀도 많이 들어 있다.

해당 식재료 | 흑미, 검은깨, 검은콩, 가지, 메밀, 해삼, 다시마, 미역, 블루베리, 포도

매일 건강 지킴이 컬러푸드 식사법

컬러푸드가 건강에 좋다고는 하지만 과식을 하는 등 잘못된 식습관이 있다면 전혀 도움이 되지 않는다. 컬러푸드 식품이 가진 영양학적인 특징을 이해하고 올바른 식생활을 한다면 건강한 삶을 누릴 수 있다.

5색 채소와 과일로 채식 식사를 한다

각종 채소, 과일로 반찬과 후식을 만들어 채식 식단을 실천한다. 컬러푸드는 채식 식단을 기본으로 하므로 육류에서 주로 얻는 영양소는 재료와 조리법으로 보완해서 먹는다. 고기 대신 콩으로 만든 식품이나 단백질 대체식품, 비슷한 맛과 질감이 나는 버섯 등을 사용해도 좋다. 채소와 과일은 대부분 저칼로리 식품이지만 과일 중에는 칼로리가 높은 포도, 거봉, 멜론, 바나나 등이 있으니 비만이나 당뇨 환자인 경우 양을 조절해야 한다.

한 끼에 최소 3색 음식을 먹는 오색찬란 식사를 한다

음식의 색은 식품의 영양소 함유율을 나타내는 하나의 지표이다. 영양균형을 맞추기 위한 가장 손쉬운 방법은 한 끼마다 오색의 음식을 골고루 먹는 것. 오색의 음식을 챙겨 먹으면 영양의 조화와 균형을 얻을 수 있지만 바쁘고 복잡한 현대생활에서 오색과 영양소까지 신경 쓰면서 밥상을 차린다는 것은 또 다른 스트레스가 될 수 있다. 오색을 다 갖추어 먹기가 힘이 든다면 끼니마다 최소한 세 가지 이상의 색으로 구성된 음식을 먹는다. 오색찬란 식단은 그리 어려운 것이 아니다. 녹색의 시금치나물과 노란색의 된장국, 흰색의 무나물만 갖추어도 훌륭한 삼색 식단이 완성되는데 여기에 검은 잡곡밥과 붉은 김치까지 곁들이면 무난히 오색찬란 상차림이 완성된다. 잡곡밥과 김치를 기본으로 하고 삼색 정도의 반찬을 차려 낼 수 있도록 냉장고를 가볍게 채워 두는 것이 좋다.

색깔이 짙은 식물성 압착유를 섭취한다

지방은 단백질, 탄수화물과 함께 3대 필수 영양소로, 에너지를 만들어 내는 우리 몸의 중요한 에너지원이다. 지방을 일정량 섭취하는 것은 꼭 필요하지만 영양과잉인 현대의 식단에서 지방은 줄여야 할 영양성분이기도 하다. 특히 붉은색 육류와 유제품으로 대표되는 포화지방, 인스턴트식품이나 패스트푸드 제조에 사용되는 트랜스지방, 약품처리 하여 맑고 고소한 맛이 강한 정제지방 등의 사용을 제한하고 참기름과 들기름, 올리브오일, 포도씨오일과 같이 정통 방식으로 압착해 정제하지 않은 색깔 있는 식물성 기름을 사용하는 것이 좋다. 불포화지방산이 풍부한 식물성 압착유는 콜레스테롤 수치를 낮추고 성인병을 예방한다. 그러나 지방으로 구성된 고칼로리의 영양성분이므로 양을 조절하는 것이 필요한데 가장 좋은 방법은 지방이 주는 고소한 맛에 의존하지 않고 재료 그 자체의 고유한 맛을 즐기는 습관을 갖는 것이다. 가공된 지방보다는 콩이나 견과류, 아보카도같이 몸에 좋은 지방으로 구성된 식물을 그대로 먹는 것이 좋다.

등푸른 생선과 친해진다

고등어, 꽁치, 삼치 같은 초록색 등푸른 생선은 붉은색 육류의 포화 지방을 대체할 수 있는 양질의 단백질과 불포화지방산을 공급해 준다. 오메가3 지방산인 DHA나 EPA가 많아 일주일에 두 번 정도 등푸른 생선 요리를 먹으면 심장병과 뇌졸중의 발병 위험도를 크게 낮출 수 있고 두뇌건강에도 좋다. 칼슘과 미네랄 등의 영양소도 풍부하여 체력을 튼튼하게 하고 면역력을 증대시키며 항산화 작용을 한다.

커피 대신 초록색 차를 마신다

커피에도 폴리페놀 같은 항산화성분이 있지만 커피 자체의 영양성분보다 문제가 되는 것이 바로 커피에 곁들이는 설탕과 크림이다. 식후에 습관처럼 마시는 달콤한 커피는 혈당을 급격히 상승시키고 이것이 반복되면 저혈당증이나 당뇨의 위험에서 벗어날 수 없다. 달콤하고 자극적인 커피 대신 잔잔하고 은은한 차로 바꾸어 보자. 식물성 차에 들어 있는 방향 물질과 비타민, 천연 영양소들은 정신을 안정시키고 신진대사 활성화에 도움을 준다. 또한 수분대사를 원활히 하여 몸속 노폐물을 배출시켜 준다.

영양균형 잡아 주는 컬러푸드
건강 조리법

가장 건강한 식단은 다섯 가지의 컬러푸드를 식사 때마다 섭취하는 것이다.
그와 함께 이들 영양소를 보다 효율적으로 섭취하기 위해서는 건강을 생각한 조리법도 중요하다.
찜, 조림, 구이, 볶음 등의 조리법으로 다양한 촉감과 온도의 음식을 만들면 식욕을 자극하고
소화기능을 높여 영양분의 흡수율을 높인다. 색깔의 각 성분에 따라 가열조리가 좋은지
생식이 좋은지 오일조리가 좋은지 수분조리가 좋은지 똑똑하게 따져 보자.

레드 푸드 조리법

레드 푸드가 가지고 있는 비타민C는 가열하면 사라지지만 리코펜은 지용성이라 기름과 조리하면 흡수율이 높아진다. 특히 리코펜 함량이 높은 토마토는 올리브오일 같은 식물성 압착유로 조리하면 영양이 더욱 높아진다. 사과의 붉은색 껍질에는 펙틴과 캠퍼롤이라는 항암 성분이 많이 들어 있으니 껍질째 생으로 먹도록 한다. 레드 푸드는 대부분 지방성분을 더하여 생으로 먹는 것이 좋지만 간이나 심장이 좋지 않은 경우 살짝 데치거나 볶는 조리법을 사용한다.

그린 푸드 조리법

신선한 채소가 주류를 이루는 그린 푸드는 생으로 먹는 것이 최고의 조리법이다. 단, 섬유질이 아주 많고 굵은 셀러리, 브로콜리 같은 채소는 기름에 살짝 볶으면 지용성 영양소를 먹을 수 있고 소화도 잘된다. 생으로 조리하더라도 소스나 드레싱에 오일을 첨가하면 지용성 영양성분까지 흡수할 수 있어 더 좋다. 소화력이 약한 환자나 노약자에게는 수용성 영양성분의 파괴를 줄이면서 부드럽게 익혀 먹는 찜 조리법이 효과적이다.

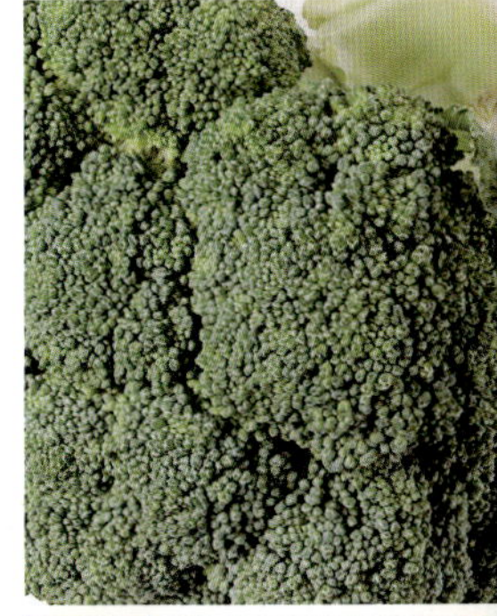

옐로 푸드 조리법

옐로 푸드는 적당한 당분이 있어 디저트나 영양 간식으로 활용하기 좋다. 베타카로틴은 기름에 볶으면 소화 흡수율이 높아지는데 칼로리를 생각하여 저칼로리 조리법을 선택한다. 고구마나 호박같이 조직이 단단한 채소는 미리 끓는 물에 한 번 데친 뒤 기름에 볶으면 익는 시간이 단축되어 기름 흡수량 및 사용량이 줄어든다. 견과류를 첨가하여 생으로 먹으면 견과류의 지방성분이 지용성 영양흡수를 돕고 옐로 푸드의 풍부한 식이섬유를 그대로 섭취할 수 있어서 좋다.

블랙 푸드 조리법

곡식에 많은 블랙 푸드는 통째로 먹을 수 있는 조리법이 좋다. 도정을 하거나 지나치게 손질을 하여 조리하면 영양성분이 손실된다. 기름을 두르지 않은 마른 팬에 잘 볶고 가루를 내어 선식이나 미숫가루로 만들면 음료, 우유, 두유 등에 넣어 맛과 영양을 높일 수 있다. 곡식 이외에 블랙 푸드 과일이나 채소의 안토시아닌 색소는 수용성이라 장시간 가열하고 끓는 물에 데치면 손실되는 부분이 많으므로 찜이나 구이, 볶음 등의 조리법이 좋다. 식이섬유와 색소가 많이 들어 있는 껍질까지 모두 섭취할 수 있는 조리법을 선택한다.

화이트 푸드 조리법

뿌리 식품이 많은 화이트 푸드는 섬유질이 많고 조직이 단단하니 조림이나 찜으로 먹으면 좋다. 조림을 할 때는 염분 흡수량이 문제가 되는데 한입 크기로 잘게 잘라 조리하거나 미리 끓는 물에 익힌 후 조리면 조리시간이 단축되어 염도가 높아지지 않는다. 생으로 먹으면 수용성 영양성분과 식이섬유를 많이 섭취할 수 있어 일석이조다. 수용성 영양성분을 함유하는 식품이 많으니 장시간 끓이거나 가열하는 조리법은 피하도록 한다.

영양흡수 높이는 컬러푸드 건강궁합

토마토의 리코펜은 심장병과 전립선암을 예방한다고 잘 알려져 있지만 몸에 좋은 리코펜의 흡수를 위해서 토마토에 올리브오일이나 호두 같은 견과류를 곁들여 먹어야 한다는 것을 아는 이는 적다. 영양을 극대화시키는 컬러푸드의 궁합.

녹색의 채소 + 흰색의 양파

녹색의 채소에는 각종 비타민이 많이 들어 있어 인체 면역력을 길러 주고 항산화 작용을 활발히 한다. 또 채소를 많이 먹으면 식이섬유의 정장작용으로 변비와 대장암 예방에도 효과적이며 몸속 노폐물도 원활하게 배출할 수 있다. 녹색 채소에 많은 엽록소는 몸속에 들어오면 지혈과 세포재생 등을 하여 성인병 예방과 고혈압에 도움을 준다. 헤모글로빈과 구조가 비슷해 인체 내에서 혈액으로 전이되어 도움을 주므로 엽록소를 녹색혈액이라고 부르기도 한다. 양파의 알리신은 강장작용을 도우며 신진대사를 원활히 하고 항균 작용을 하여 각종 전염병을 예방하는데 녹색의 채소와 함께 먹으면 채소의 비타민B군을 활성화시키고 소화를 촉진시킨다. 양파와 녹색의 채소를 함께 먹으면 비타민 활성 작용이 일어나 항산화 작용이 활발해지고 면역력이 증강된다.

녹색의 등푸른 생선 + 노란색의 레몬

등푸른 생선은 단백질과 오메가3 지방산 외에도 철분을 많이 함유하고 있다. 철분은 적혈구 속의 헤모글로빈을 만드는 원료. 철분이 부족하면 헤모글로빈이 생성되지 않아 적혈구가 산소를 각 장기에 제대로 운반하지 못해 빈혈이 되고 면역력이 떨어져 병에 잘 걸린다. 철분을 보충하기 위해 철분이 많이 든 식품을 먹어도 식물성 식품 안의 철분은 쉽게 흡수되지 않는데 이때 비타민C를 곁들이면 철분의 흡수가 원활히 이루어진다. 등푸른 생선을 먹을 때도 레몬을 곁들이면 비린내 제거와 철분 흡수의 효과를 동시에 볼 수 있다.

녹색의 녹차 + 노란색의 오렌지

녹차의 카테킨은 폴리페놀의 일종으로 항산화 작용, 항암 작용을 하며 심장병과 뇌졸중, 암과 비만을 예방한다. 오렌지의 비타민C는 항산화 작용을 하여 노화를 막고 면역력을 증강시킨다. 카테킨은 체내에 들어와 소화되는 과정에서 구조가 변이되어 항암 효과가 50퍼센트 정도 감소되는데 비타민C와 함께 먹으면 카테킨이 소화과정에서 분해되는 것을 막을 수 있다. 녹차를 먹을 때 오렌지나 비타민C가 풍부한 과일을 곁들이면 카테킨의 효과를 높이고 떫은맛도 줄일 수 있다.

붉은색의 레드와인 + 노란색의 아몬드

레드와인의 폴리페놀 화합물은 혈액 속의 콜레스테롤을 낮추어 혈관을 튼튼하게 하고 심장 건강에 좋다. 레드와인과 비타민E가 만나면 항산화 작용이 극대화되는데 비타민E는 아몬드, 해바라기유, 콩과 포도씨오일 또는 올리브오일, 땅콩버터 등에 많이 함유되어 있다. 특히 아몬드는 비타민E, 마그네슘, 불포화지방 등 다양한 영양소가 들어 있어 혈관 속 나쁜 콜레스테롤을 줄이며 노화를 지연시키는 효과가 있다. 붉은색의 레드와인을 마실 때 노란색의 아몬드를 곁들이면 암과 심장병, 중풍 예방에 효과적이다.

흰색의 두부 + 검은색의 다시마

건강식품인 콩으로 만든 두부는 콩보다 소화흡수율이 높고 먹기가 편하기 때문에 애용되는 식재료이다. 콩이나 두부의 사포닌은 이로운 점도 있으나 지나치게 많이 먹으면 몸 안의 요오드를 많이 빠져 나가게 한다. 요오드는 갑상선을 구성하는 중요한 성분으로 요오드가 부족하면 갑상선 호르몬인 티록신 부족으로 비만이나 무기력증에 빠질 수 있다. 다시마에는 요오드가 많이 들어 있어 콩 식품을 먹으면서 소모된 요오드를 보충해 주고 두부를 먹으면서 부족한 미네랄과 섬유질을 보충할 수 있어 비만과 다이어트, 고혈압 예방에 더욱 효과적이다.

노란색의 호박 + 녹색의 올리브오일

녹황색 채소 중에 쓰임이 가장 많은 채소를 들라면 단연 호박이다. 호박에 풍부한 카로티노이드는 노화를 방지하고 항암 효과가 뛰어나다. 카로티노이드가 지용성이기 때문에 삶거나 데치는 것보다 기름에 튀기거나 볶아 먹으면 그 효능이 배가된다. 기름과 함께 먹어야 하는 카로티노이드계 색소에는 피부를 건강하게 해서 면역력과 저항력을 높이고 항산화 작용을 도와 암과 노화를 예방하는 알파카로틴과 베타카로틴, 항산화 물질로서 전립선암을 비롯한 각종 암 발생 위험을 줄이는 리코펜 등이 있다. 호박의 카로티노이드를 효율적으로 섭취하려면 녹색의 올리브오일에 볶거나 버무려 먹으면 좋다.

검은색의 메밀 + 흰색의 무

메밀의 루틴은 모세혈관을 튼튼하게 하여 혈액순환을 좋게 하고 하지 정맥류와 고혈압에 효과적이다. 또한 메밀의 섬유질은 정장작용을 도와 변비 예방에 효과적이며 몸속의 독소를 배출시키는 작용을 한다. 이런 영양성분은 주로 메밀의 껍질에 많이 함유되어 있는데 껍질에는 살리실아민, 벤질아민 등의 인체에 유해한 성분도 섞여 있다. 이런 메밀의 독성을 해독하는 것이 바로 무이다. 무의 섬유질과 비타민, 각종 소화효소들은 제독력이 커서 메밀껍질의 독성을 효과적으로 해독하고 무력화시킬 수가 있다. 둘을 함께 먹으면 고혈압이나 부종 예방에도 효과가 있다.

몸에 해로운 컬러푸드

몸에 이로운 컬러푸드가 있는가 하면, 그 반대의 경우도 있다. 아무리 식욕을 자극하는 색깔이라 하더라도 건강을 해친다면 멀리해야 할 것이다. 가족의 건강을 해치는 몸에 해로운 컬러푸드들을 살펴보자.

순백의 흰색을 멀리한다

흰색의 음식 중에는 마늘, 양파, 무처럼 각종 영양분이 풍부하고 우리 몸에 도움을 주는 식품들도 있지만 멀리 할수록 좋은 식품들도 있다. 먼저 정제된 곡식류인데 하얀 밀가루와 백미는 영양분이 풍부한 표피와 씨눈이 제거된 탄수화물 덩어리에 불과하다. 정제과정에서 영양분은 거의 사라지고 칼로리만 남아 비만과 당뇨의 주범이 된다. 도정이 덜 된 통곡식들은 입에 깔끄럽지만 식이섬유와 각종 영양소가 살아 있는 건강 식재료이다. 당장 통곡식을 먹기가 힘이 든다면 도정미에 통곡식 잡곡을 섞어 먹고, 익숙해지면 그 비율을 점점 늘린다.

다음으로 멀리해야 할 흰색 식품은 정제된 설탕과 소금이다. 설탕의 당은 몸속에서 빨리 흡수가 되어 혈당을 급속히 증가시켜 비만, 당뇨, 면역기능 장애 등을 일으키고, 소금은 고혈압과 부종의 원인이 된다. 특히 정제과정을 거쳐 각종 미네랄과 무기질이 사라진 정제소금은 짠맛만 남아 있고 아무런 영양이 없는 조미료에 불과하다. 입맛을 현혹하기 위해 설탕, 소금을 많이 넣고 정제곡식을 사용한 인스턴트식품을 먹는 것은 수명을 단축시키고 건강을 해치는 지름길이므로 반드시 피해야 한다.

고소한 맛의 노란색을 멀리한다

바사삭 소리를 내며 튀겨지는 튀김요리의 고소한맛과 입 안 가득 부드러움을 줄 것 같은 버터나 마가린의 풍부함, 붉은빛 살코기 사이로 환상의 마블링을 자랑하며 숨어 있는 지방의 유혹은 뿌리칠수록 건강에 도움이 된다. 포화지방산이 많아 콜레스테롤 수치를 올리고 고지혈증을 일으키는 동물성 지방, 정제과정 중 변이를 일으켜 발암성분이 되는 트랜스지방 등은 심혈관계 질환을 일으키는 주범이니 적게 먹을수록 좋다. 지방은 고칼로리 식품으로 하루 섭취 칼로리의 상당 부분을 차지하지만 견과류, 콩, 아보카도 등 식품 자체에 지방이 풍부한 것들을 챙겨 먹으면 따로 기름기 많은 식품을 먹지 않아도 지방의 필요량은 충족이 된다. 약간 메마르고 뻑뻑한 느낌이 들어도 건강을 위해서는 지방을 멀리하는 것이 좋다.

먹음직스럽게 탄 검정색은 먹지 않는다

숯불 향기를 풍기며 이글이글 익는 고기와 각종 구운 음식들은 독특한 풍미로 입맛을 돋우지만 무턱대고 집어 먹다가는 큰일이 날 수 있다. 먹음직스럽게 검게 탄 부분이 발암물질이 되기 때문이다. 삼겹살, 쇠고기 숯불구이, 바비큐, 스테이크 등의 고기는 불에 직접 구워 먹는 횟수를 줄이는 게 좋다. 고기의 지방성분과 불꽃이 직접 접촉할 때 벤조피렌이라는 발암물질이 많이 생기니 굳이 구이 요리를 먹으려면 석쇠보다 두꺼운 불판이나 프라이팬을 사용해 굽도록 한다. 숯불 대신 프라이팬에 구우면 벤조피렌 생성량이 100분의 1로 감소한다. 밑 손질이나 전처리 등으로 가열, 조리 시간을 최대한 단축하여 불과 닿는 시간을 줄이는 것도 좋은 방법이다.

탄수화물 식품들도 고온에서 구우면 아크릴아미드라는 발암물질이 생긴다. 빵이나 과자의 먹음직스런 짙은 껍데기는 아크릴아미드를 상당량 포함한다. 아크릴아미드는 자궁암, 유방암 등 여성들에게 치명적인 암의 발병률을 높이므로 바삭하게 익은 감자 칩이나 비스킷은 될 수 있으면 멀리한다.

오색찬란 탄산음료를 멀리한다

십 년 묵은 체증을 뚫어 내릴 듯한 콜라나 사이다 같은 각종 탄산음료의 탄산 거품은 보고만 있어도 시원하고 달콤한 느낌을 준다. 답답한 속을 진정케 하거나 소화가 되지 않아 더부룩할 때 탄산음료의 유혹에 쉽게 빠진다. 그러나 탄산음료의 탄산은 혼자서는 불안정한 상태이기 때문에 우리 몸에 들어와 탄산칼슘이나 탄산나트륨, 인산칼슘의 형태로 안정된 후 배출된다. 혼자서 들어온 탄산이 어떻게 화합물의 형태로 빠져나가는 것일까? 바로 우리 몸속의 칼슘과 나트륨을 흡착하여 끌고 나가는 것이다. 탄산에게 칼슘 같은 무기질을 많이 뺏기면 골다공증이나 관절염 등을 앓을 수 있다. 또 체내 칼슘이 부족하면 신경장애, 폭력성 등의 정신장애도 유발한다. 당분도 많아 비만과 당뇨, 저혈당증 등 성인병을 부르는 원인도 된다. 오죽하면 코카콜라의 나라 미국에서도 학교에서 탄산음료 자판기를 철수해야 한다는 법령을 만들어 시행했을까. 소화를 위해서는 탄산음료 대신 따뜻한 차를 마시고 가까운 거리는 걷는 습관이 훨씬 좋다.

Chapter **02**

약 대신 컬러를 먹자, 건강 레시피

빨강, 초록, 노랑 등 채소나 과일, 곡류 등이 가지고 있는 고유의 색깔에는 약보다 더 몸에 좋은
효능이 함유되어 있다. 색상이 진하면 진할수록 약효도 강력하다. 토마토, 단호박, 브로콜리, 양
파 등 다섯 가지 컬러푸드를 대표하는 식재료들의 놀라운 건강 증진 효과를 느껴 보자.

토마토볶음밥 ^{피부 미용}

유럽에선 먹는 자외선 차단제라고도 불리는 토마토. 토마토 두 개면 하루 비타민C 권장량을 채울
수 있다. 또한 항산화성분이 풍부하게 함유되어 피부 노화를 억제하는 데다가 피부에 윤기를 주는
비타민E도 풍부하다. 토마토는 기름과 함께 먹는 것이 좋은데 생으로 먹는 것에만 익숙했다면 볶음
밥이나 카레에 넣어 거부감을 줄여 보자.

재료

달걀	1개
소금	1과 1/2작은술
후추	약간
올리브오일	1과 1/2큰술
방울토마토	15개
양파	1/4개
청피망	1/4개
당근	1/6개
찬밥	2공기

1 달걀은 잘 풀어 소금과 후추로 간을 하여 포도씨오일을 살짝 두른 팬에 볶아 스크램블을 만든다.

2 방울토마토는 2~4등분하고 양파와 청피망, 당근은 굵직하게 다진다.

3 팬에 기름을 두르고 방울토마토와 채소를 볶다가 찬밥을 넣고 고슬고슬하게 볶는다.

4 밥과 방울토마토, 채소가 어우러지면 달걀을 넣고 소금과 후추로 간을 한 후 그릇에 담아낸다.

🍚 볶음밥은 찬밥으로

볶음밥을 만들 때는 찬밥이 좋다. 밥이 식어 표면이 굳으면 볶을 때 기름막이 입혀지면서 고슬고슬해지기 때문.
따뜻한 밥으로 만들면 밥이 양념을 빨리 흡수하면서 밥 표면이 뭉그러져 기름을 많이 먹고 질어진다.

재료

찹쌀	1/2컵
대추	8알
물	5컵
소금	약간

1 찹쌀은 씻어 1~2시간 충분히 불린 후 체에 밭친다.

2 대추는 잘 씻고 돌려 깎은 후 잘게 다진다.

3 믹서에 찹쌀과 물 1컵을 넣고 입자가 약간 보일 정도로 간다.

4 냄비에 간 찹쌀을 넣고 물 4컵을 더 부어 끓이다가 쌀알이 반쯤 퍼지면 대추를 넣고 끓인다.

5 대추가 퍼지고 농도가 알맞으면 소금 간을 하여 낸다.

깔끔한 대추죽

대추는 당분이 많아 말리는 과정에서 잔 먼지나 이물질이 많이 달라붙으므로 조리하기 전에 깨끗이 씻어야 한다. 대추 향이 진한 죽을 끓이려면 불린 찹쌀과 통대추를 냄비에 넣고 물러질 정도로 푹 끓인 후 체에 내려서 다시 한 번 끓인다.

대추찹쌀죽 신경 안정

한방에서는 신경이 날카롭거나 불면증이 있을 때 대추씨가 주재료인 감맥대조탕을 처방한다. 대추에는 신경을 이완시키는 성분이 있어 신경을 안정시키고 불면증을 치료하며 노화를 방지하여 젊음을 유지시켜 준다. 속을 따뜻하게 하는 찹쌀과 대추를 같이 끓이면 신경 안정과 미용에 좋아 여성을 위한 건강 죽이 된다.

수박조청차 혈관계 질환과 부종 예방

수박은 이뇨 작용을 돕는 시트룰린과 칼륨이 풍부해 수분 소통을 원활히 하여 부종을 가라앉힌다. 리코펜이 토마토보다 풍부해 혈관계 질환을 예방하고 항암 효과가 탁월하다. 또 신장의 기능을 활발히 하여 체내 독소를 배출시키고 열독을 없앤다. 여름에 수박조청을 만들어 두면 철을 넘겨도 수박의 효능을 간직할 수가 있다.

재료

수박 ································ 1통

1 수박은 살만 발라내어 작게 썬다.

2 바닥이 두꺼운 냄비에 수박을 넣고 끓인다.

3 수박이 물러지면 체에 걸러 즙만 받아 낸 후 중간 불과 약한 불 사이에서 저어가며 졸인다.

4 끈적거리며 검붉은 조청의 형태가 되면 병에 담고 냉장 보관하고 한 큰술씩 물에 타서 마신다.

🍯 수박을 졸인 조청

수박은 자체의 당분이 있어 설탕이나 조청을 넣지 않고도 오랜 시간 가열하면 되직한 농도로 졸여진다. 수박 조청은 첨가물이 들어 있지 않으므로 소독된 병에 담고 냉장 보관한 후 물이 묻지 않은 숟가락으로 덜어 내어 먹는다. 한 달 정도 냉장 보관이 가능하다.

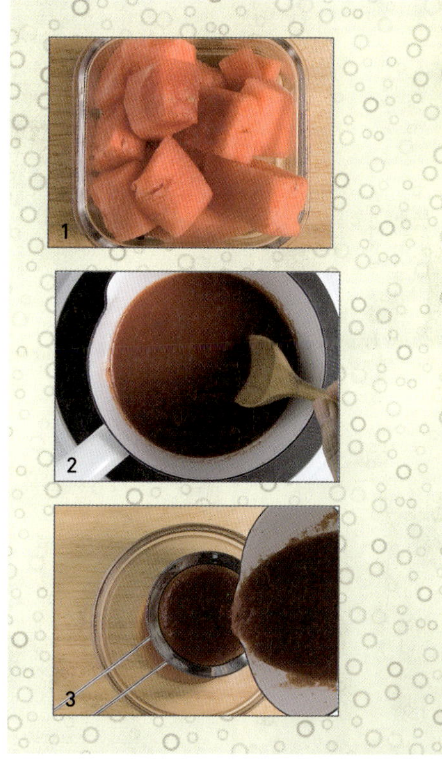

<table>
<tr><td>

재료

단호박 ···························· 1/4통
소금 ······························· 약간
쪽파 ···························· 2∼3대
통깨 ······························· 약간

</td><td>

된장소스

된장 ···························· 1큰술
물 ······························· 1큰술
청주 ··························· 1작은술
참기름 ························· 1작은술
다진 마늘 ····················· 1작은술
꿀 ····························· 1작은술

</td></tr>
</table>

1 단호박은 씨를 긁어내고 1센티미터 두께로 도톰하게 썰어 소금을 약간 뿌려 둔다.

2 쪽파는 송송 썰고 분량의 재료를 섞어 된장소스를 만든다.

3 달군 팬이나 그릴에 단호박을 노릇하게 굽는다.

4 단호박에 소스를 바르거나 버무려 낸 후 송송 썬 쪽파와 통깨를 뿌려 낸다.

소금으로 맛도 내고 모양도 내고

호박은 굽기 전에 살짝 말리거나 소금을 뿌려 두었다 구우면 단맛도 더하고 굽다가 부서지지도 않는다.
약간의 소금은 음식의 단맛을 상승시키는 작용을 하여 단호박의 단맛도 진하게 한다.

단호박된장소스무침 다이어트

단호박은 카로틴이 풍부하여 강력한 항산화 작용을 하고 칼륨과 펙틴도 풍부하여 이뇨 작용을
활발히 한다. 또 체내에 축적된 나트륨과 노폐물을 배출시키는 건강식품이며 다이어트에도 좋다.

당근수프 간 기능 개선

당근에는 체내에서 비타민A로 전환되는 베타카로틴이 풍부해서 베타카로틴의 왕자라고 불린다. 당근 한 개의 베타카로틴은 동물의 간에 들어 있는 비타민A의 양과 맞먹는다. 베타카로틴은 피부를 곱게 하고 저항력을 높이며 간 기능을 개선시켜 피로 회복과 시력 회복, 야맹증 예방에 효과적이다. 당근을 죽이나 수프로 만들면 한 번에 많은 양을 먹을 수 있다.

1 당근과 감자, 양파는 껍질을 벗기고 곱게 채 썬다.

2 냄비에 기름을 두르고 당근과 감자, 양파를 볶다가 물을 붓고 푹 끓인다.

3 2를 믹서에 갈아 냄비에 붓고 우유를 부어 끓인다.

4 농도가 맞추어지면 생크림을 넣고 소금과 후추로 간을 한다.

5 그릇에 담고 파머산 치즈를 갈아 뿌리고 크루통을 곁들인다.

🍆 당근은 볶아야 제 맛

당근은 생으로 먹는 것보다 기름에 데쳐 먹거나 오일 드레싱을 곁들이면 좋은데 물을 넣고 끓이기 전 기름에 볶아 내면 풍미가 증가하고 카로틴의 흡수율을 높일 수 있다.

재료

낭근	1개
감자	1개
양파	1/4개
올리브오일	2큰술
물	2컵
우유	1컵
생크림	1/2컵
소금	약간
후추	약간
파머산 치즈	약간
크루통	약간

고구마두유 장 건강 개선

고구마에 풍부한 섬유질은 장내 고형물을 증가시켜 변통을 촉진하여 변비를 해소한다. 변이 장에 머무르는 시간이 짧아져 대장암의 예방 효과도 있다. 또 비타민A와 비타민E가 풍부하여 면역력을 높이고 노화를 예방하는 작용도 한다. 두유나 우유에 넣어 부드럽게 갈면 아침 식사로도 간편하다.

재료

고구마 ···················· 2개
두유 ······················ 2컵

1 고구마는 부드러운 솔로 껍질째 깨끗이 씻는다.
2 고구마를 부드럽게 삶아 껍질을 대충 벗기고 적당한 크기로 자른다.
3 믹서에 고구마와 두유를 넣고 곱게 갈아 마신다.

🌰 집에서 두유 만들기

잘 씻은 대두 1컵을 하룻밤 정도 물에 불린다. 냄비에 불린 대두가 잠길 정도의 물을 붓고 부드럽게 익힌다.
한 김 식으면 믹서에 대두와 대두 삶은 물, 생수 6~7컵을 넣고 곱게 갈아 체에 거른다.
소금을 약간 첨가하면 더욱 고소하다.

녹차두부탕 중금속 해독

녹차에 함유된 카테킨은 항산화, 항암, 항알레르기 작용을 하며 콜레스테롤 배출까지 하는 신비한
성분이다. 차나 음료로 자주 마시는 것이 좋지만 성질이 차기 때문에 너무 차갑게 마시는 것은 좋지
않다. 대신 밥이나 국, 찌개의 기본 육수로 사용하면 좋다.

1 녹차는 아무것도 넣지 않은 미지근한 물에 담가 20분 정도 우려낸다.

2 두부는 사방 2센티미터 크기로 잘라 국간장을 뿌려 재워 두었다가 끓는 물에 살짝 데친다.

3 냄비에 새우와 청주를 볶다가 향이 나면 다시마와 녹차 우린 물을 넣고 중간 불에서 은근하게 끓인 후 다시마와 새우를 건져 새우녹차육수를 낸다.

4 건져 낸 다시마는 사방 2센티미터 크기로 자르고 홍고추는 3센티미터 길이로 곱게 채 썰고 마늘은 저며 썬다.

5 새우녹차육수 3컵에 다시마와 국간장을 넣고 끓이다가 두부를 넣고 한소끔 끓인다.

6 녹차와 홍고추, 마늘을 넣고 소금, 후추로 간을 맞춘 후 참기름을 살짝 둘러 낸다.

🍶 담백한 탕엔 새우 육수

녹차나 두부의 맛이 담백하므로 맛이 달고 감칠맛이 좋은 새우 육수를 사용하는 것이 좋다. 마른 새우의 잔가시와 다리를 떼고 청주와 함께 볶으면 비린 맛이 제거되어 국물이 더욱 맑고 깨끗해진다.

1 감자는 껍질을 벗기고 사방 2센티미터 크기로 썬 후 찬물에 담가 녹말을 제거한다.

2 감자를 소금과 올리브오일을 넣은 물에 넣고 부드럽게 익혀 식힌다.

3 브로콜리는 송이를 나누어 끓는 소금물에 데쳐 식힌다.

4 양파와 오이는 입자가 씹히게 굵직하게 다진다.

5 꿀, 식초, 머스터드, 소금, 레드페퍼를 먼저 잘 섞은 후 올리브오일을 나중에 넣고 섞어 드레싱을 만든다.

6 오목한 용기에 재료를 고루 담고 드레싱을 뿌려 낸다.

감자 삶을 땐 소금과 올리브오일

껍질 벗긴 감자를 삶을 때 소금과 올리브오일을 넣으면 미리 소금 밑간이 되고 올리브오일이 감자를 코팅하여 감자가 부스러지는 것을 막아 준다. 브로콜리 대신 브로콜리 싹을 넣어도 맛이 좋다.

재료

감자	1개
소금	약간
올리브오일	1큰술
브로콜리	1/2송이
양파	1/4개
오이	1/2개

허니머스터드페퍼 드레싱

꿀	1큰술
식초	2큰술
홀스그레인 머스터드	1큰술
소금	1/2작은술
레드페퍼	약간
올리브오일	3큰술

브로콜리감자샐러드 위암 예방

브로콜리의 비타민U는 위장을 튼튼하게 해 만성위염, 위궤양 등을 예방하고 치료하는 효과가 탁월하다. 위암과 위궤양을 일으키는 헬리코박터 파일로리균을 죽이는 설포라페인도 들어 있는데 브로콜리 싹에는 브로콜리보다 설포라페인이 스무 배나 많다. 식사 시간이 불규칙하고 속쓰림이 심하다면 브로콜리를 다양한 방법으로 꾸준히 먹는 것이 도움이 된다.

부추사과주스 정력 증진

부추는 양기초라 하여 양기를 북돋고 정력을 강화하는 식품으로 알려져 있다. 양기가 강하여 담을 뚫고 자란다 하여 파벽초, 파루초라고도 불리는데 암을 예방하는 셀레늄도 많이 들어 있어 중장년 남성 건강에 도움을 준다. 부추녹즙을 마시면 간 기능 개선과 정력 증강의 효과를 같이 볼 수 있다.

재료

부추	┄┄┄┄┄┄┄┄┄┄	1줌
사과	┄┄┄┄┄┄┄┄┄┄	1/2개
얼음물	┄┄┄┄┄┄┄┄┄┄	1/4컵

1 부추는 밑동의 흙을 제거하고 잘 씻어 잘게 썬다.

2 사과는 잘 씻어 껍질째 썰고 씨를 제거한다.

3 믹서에 부추, 사과, 얼음물을 넣고 곱게 갈아 낸다.

풋내 없는 부추녹즙

부추는 생으로 갈아 마시면 아린 맛과 풋내가 나는데 사과를 곁들이면
사과의 단맛과 향이 아린 맛과 풋내를 제거하여 마시기 쉽게 도와준다.
새콤한 맛을 좋아한다면 오렌지나 키위를 곁들여도 좋다.

양파오징어볶음 동맥경화와 고지혈증 치료

양파는 혈전 형성을 막고 분해하는 작용을 한다. 혈액을 묽게 해 혈관 속을 잘 흐르게 만들어 혈액 순환이 좋아지고 고지혈증이나 동맥경화를 예방한다. 오징어나 새우같이 콜레스테롤이 높은 식재료에 양파를 곁들이면 더욱 좋다.

1 양파와 풋고추는 각각 4~5센티미터 길이, 1센티미터 굵기로 채 썰고 양파에는 소금을 살짝 뿌려 둔다. 건고추는 송송 썬다.

2 오징어는 껍질을 벗기고 양파 굵기로 채 썬다.

3 팬을 달군 후 기름을 두르고 건고추와 마늘을 볶아 향을 낸 후 양파를 넣고 투명하게 볶는다.

4 오징어를 넣고 볶다가 청주를 넣어 비린내를 없애고 오징어가 말갛게 익으면 풋고추를 넣고 살짝만 볶는다.

5 간장과 소금, 후추로 간을 맞춘 후 불을 끄고 참기름을 두른 다음 통깨를 뿌려 낸다.

재료

양파	1개
풋고추	1개
건고추	1/2개
오징어 몸통	1마리분
포도씨오일	1큰술
저민 마늘	1톨
청주	1큰술
간장	1작은술
소금	약간
후추	약간
참기름	1/2작은술
통깨	약간

🧅 양파는 투명해지도록 볶기

양파는 오래 볶을수록 단맛과 감칠맛이 좋아진다. 양파가 투명한 색깔을 띨 때까지 충분히 볶은 후 나머지 재료를 넣고 볶는 것이 풍미가 훨씬 좋은데 노릇한 색이 나기 시작하면 아삭한 질감이 없어지므로 주의해서 볶는다.

도라지배차 폐와 목 보호

도라지는 당분과 섬유질, 칼슘과 철분이 풍부하며 인삼에 많은 사포닌도 포함하고 있다. 한방에서는 길경이라 부르며 오래된 기침과 가래, 호흡이 불편한 증세, 감기로 인한 호흡기 장애나 인후염과 편도선염에 많이 쓴다. 도라지를 배와 함께 마시면 목을 보호하는 효과가 더욱 커지며 쓴맛이 줄어 좋다.

재료

도라지 ·········· 2뿌리
배 ·········· 1/2개
물 ·········· 5컵
꿀 ·········· 적당량

1 도라지는 껍질째 잘 씻어 어슷하게 저며 썬다.
2 배는 껍질째 큼지막하게 썬다.
3 내열유리 용기나 법랑에 도라지와 배, 물을 붓고 은근한 불로 반 정도 졸 때까지 끓인 후 기호에 따라 꿀을 타서 마신다.

🌰 약성 좋게 끓이려면

말린 도라지를 끓이면 생도라지보다 향이 강하고 약성이 더 좋은데 구하기 어렵다면 생도라지를 오래 우린다. 배를 도라지와 함께 끓여 내면 배가 도라지의 강한 향을 중화시키고 자연스런 단맛을 주며 기관지를 튼튼하게 하는 효능도 더욱 커진다.

1 무는 잘 씻어 한입 크기로 도톰하게 썰어 준비한다.

2 잔새우는 체에 넣고 흔들어 잔가시를 털어 내고 쪽파는 송송 썬다.

3 건고추는 송송 썰어 분량의 재료로 조림장을 만들고 잔새우를 고루 섞어 은근한 불로 끓인다.

4 조림장이 끓어오르면 무를 넣고 조림장을 무에 끼얹어 가며 무를 익힌다.

5 무에 간이 배면 쪽파와 실고추를 올리고 뚬을 살짝 들여 통깨를 뿌려 낸다.

🥄 무를 부드럽게 잘 조리려면

무가 무르게 푹 익어야 제 맛이 나니 조림장이 끓어오르면 불을 줄인 후 무를 넣고 오랜 시간 서서히 조린다. 가을이나 겨울의 단맛이 강한 무를 조릴 때는 무를 그대로 넣고, 봄이나 여름철이라면 무를 한 번 데쳐 내어 지린 맛을 제거하고 넣는다.

무잔새우조림 소화 장애 개선

무에는 소화 효소들이 가득 들어 있다. 옛말에 무를 많이 먹으면 속병이 없다고 했는데 전분 분해 효소인 아밀라아제와 체내의 유해성분을 분해하는 효소인 카탈라아제, 요소를 분해하는 효소 등이 들어 있어 식체와 소화 장애를 예방한다. 특히 메밀 음식을 먹고 탈이 났을 때 해독하는 작용을 한다. 속쓰림이 심하고 입 냄새가 심한 사람도 무를 꾸준히 먹으면 좋다.

포도생강차 피로 회복

포도는 체내 흡수가 빠른 포도당과 과당이 많아 피로에 지친 몸을 회복시켜 준다. 또 폴리페놀은 심
장을 지켜 주며 체내에서 노화를 유발하는 활성산소를 제거하는 역할을 하는데 씨와 껍질에 과육
보다 많은 양의 폴리페놀이 들어 있다. 포도가 많이 남아 물러질 우려가 있다면 송이째 포도차를 끓
여 마시자. 피로 회복에 효과를 볼 수 있을 것이다.

재료

포도 2송이
생강 1/2쪽

1 포도는 송이째 씻어 알알이 딴 후 냄비에 넣고 약한 불에서 알이 터지도록 익힌다.

2 포도가 잘 삶아지면 체에 내려 포도 물을 받친다.

3 2를 다시 한 번 냄비에 넣고 끓이다가 끓어오르면 편으로 썬 생강을 넣고 살짝 끓인 후 체에 거른다.

🍚 포도를 깨끗이 씻으려면

포도알을 따서 씻으면 알을 딴 자리로 수분이 들어가 농약과 중금속이 침투할 우려가 있으니 송이째 씻는 것이 좋다. 송이째 씻는 것이 불안하다면 밀가루를 솔솔 뿌려 놓았다가 씻으면 중금속이나 농약의 잔여물이 잘 떨어진다.

재료

우엉	1/2대
식초	약간
포도씨오일	2큰술
건고추	1/2개
통깨	약간
밥	2공기

볶음 양념

간장	2큰술
청주	2큰술
설탕	1큰술
조청	1큰술
물	1큰술

1 우엉은 껍질을 벗겨 얇게 연필 깎듯이 썰어 식초 물에 담갔다 건진다.

2 팬에 기름을 두르고 송송 썬 건고추를 충분히 볶다가 우엉을 넣고 볶는다.

3 우엉이 투명해지면 볶음 양념을 넣고 간이 충분히 배게 고루 볶아 준 후 통깨를 뿌려 식힌다.

4 밥을 동그랗게 만든 다음 구멍을 파서 우엉을 넣고 오므린 후 다시 뭉쳐 모양을 만들어 낸다.

🍙 매콤 달콤 짭조름한 우엉볶음

우엉을 달콤하고 짭짤하게 볶아야 주먹밥을 만들었을 때 간이 맞다. 고추를 볶아 향을 낸 팬에 우엉을 볶으면 매콤한 맛이 배어 좋은데 아이들이 먹을 것이라면 고추를 살짝만 볶다 덜어 내도록 한다.

우엉주먹밥 _{당뇨 개선}

우엉의 이눌린은 소화가 잘 되지 않는 당질로 인슐린 분비를 원활하게 하여 당뇨에 효과가 있으며
신장을 튼튼하게 하고 이뇨 작용을 좋게 한다. 섬유소가 많이 들어 있어 영양과다로 시달리는 현대
인들의 정장식품으로 좋으나 타닌이 철분 흡수를 방해하므로 빈혈 환자는 주의한다. 우엉조림은 장
기간 보관이 가능하므로 넉넉히 만들어 김밥 속이나 도시락 반찬으로 활용하면 좋다.

검은땅콩죽 노화 방지

검은 땅콩에는 붉은 콩에 비해 안토시아닌 색소가 두 배 가량 많은데 안토시아닌 색소는 꽃이나 과일, 곡류의 적색, 청색, 자색을 나타내는 플라보노이드계의 수용성 색소다. 시력과 기억력을 좋게 하고 비만을 억제하며 심장 및 뇌혈관 질환에 좋고 항산화 물질이 풍부해 노화를 예방한다. 검붉은색이 진할수록 좋은데 검은 땅콩을 하루 열 알 정도 먹으면 노화와 성인병 예방에 효과가 있다.

재료

현미찹쌀 ······················ 1/2컵
물 ···························· 5컵
검은 땅콩 ···················· 1/2컵
소금 ·························· 약간

1 현미찹쌀은 잘 씻어 불린 후 대강 으깨어 물 4컵을 부어 무르도록 끓인다.

2 검은 땅콩은 흐르는 물에 재빨리 씻은 후 물 1컵을 부어 곱게 간다.

3 현미찹쌀이 완전히 퍼지면 땅콩 간 것을 넣고 땅콩이 익을 정도로 끓인 후 소금 간을 하여 낸다.

🌰 껍질의 쓴맛을 줄이려면

검은 땅콩은 껍질째 조리해 먹어야 효능이 좋은데 껍질의 쓴맛이 거북하다면 끓는 물에 땅콩을 우르르 데쳐 낸 후 사용한다. 땅콩을 지나치게 익히면 고소한 맛이 없어지므로 현미가 퍼진 뒤 땅콩을 넣고 살짝만 끓여 낸다. 검은 땅콩은 농협이나 우리 농산물을 파는 곳에서 구할 수 있다.

우리 선조들의 삶에서 오방색은 음양오행설에 따른 이론적 색이자 생활의 곳곳에 쓰이는 실용적 색이었다. 구체적으로 색을 구현해 내는 우리의 전통 염색 기술 또한 오방색을 기준으로 발전해 왔다. 그러나 산업화 사회를 거치며 전통염색은 퇴보의 길을 걷다가 자취를 감추고 말았다. 이를 안타깝게 지켜보던 홍루까 장인이 우리 고유의 깊은 빛깔을 되찾기 위해 팔을 걷어붙인 지 올해로 벌써 20여 년이 다 되어 간다.

바다를 감싸 안고 하늘을 담은 예술, 천연염색

서울 종로구 계동에 위치한 북촌문화센터. 너른 한옥 마당에 주부들이 모이더니, 하나 둘 고무장갑을 챙겨 든다. 다 같이 품앗이하여 김장이라도 담그는가 싶은데, 홍화꽃과 울금, 명주천 등 속속 실려 나오는 재료들이 수상하다. 바로 천연염색 연구가 홍루까 장인에게 천연염색을 배우기 위해 모여 든 주부들이 염색 채비를 하는 것이다. 몇몇은 홍화꽃을 우려낼 준비를 하고 몇몇은 솥을 걸고 불을 켜고 또 몇몇은 빨랫줄의 먼지를 제거한다. 청일점인 홍루까 장인의 바리톤 음성이 울릴 때마다 삼삼오오 주부들이 일사불란하게 움직인다.

홍루까 장인은 전통매듭공예가이자 한국 자수협의회 이사장을 지냈던 조일순 선생님의 아들로, 어머님의 뒤를 이어 우리의 전통 천연염색의 명맥을 잇고 있다.

"디자인을 전공하다 보니 색채에 관심이 많았어요. 어머니께서 전통 오방색을 이용해 매듭을 짓곤 하셨는데 매듭도 매듭이지만 그 색의 조합과 철학이 마음에 와 닿더군요. 매듭이 주라면 염색은 부니까, 어머니 덕분에 자연스레 천연염색에도 시선이 가 닿을 수 있었지요. 자연물에서 어떻게 이런 색이 나오는지 신비롭기 이를 데가 없었습니다. 또 천 종류나 염료를 끓이는 시간, 날씨에 따라서도 변하는 색 자체의 다채로움에도 매료되었고요."

전통 오방색을 구현하는 천연염색은 하늘의 색 청, 땅의 색 황을 비롯하여 그 사이를 채우는 적, 흑, 백의 고운 빛깔을 그대로 간직하고 있다. 세월을 뛰어넘어 자연의 오랜 아름다움을 창조하는 이 일은, 그러나 그리 쉬운 길이 아니다.

"전통적인 방법만으로 오방색을 재현하는 게 의외로 어려운 일입니다. 옛날이야 자연 재료가 널렸었지만 요즘은 어디 그런가요. 우리나라 천연염색의 기본이라고 할 수 있는 쪽물만 해도 한때 쪽이라는 식물 자체가 없어서 색을 내기 어려웠을 정도니까요."

그래도 그는 포기하지 않았다. 우리 민족의

오랜 경험과 관찰에서 나온 과학이자 일상을 지배해 온 음양오행의 우주만물을 표현하는 오방색. 예부터 나쁜 기운을 막고 무병장수를 기원하는 의미가 담겨 있던 오방색을 현대인의 일상으로 소환하고자 노력했다.

800년의 세월을 간직한 쪽빛

쪽은 그 시발점이었다. 쪽이 만들어내는 청색은 동쪽과 봄을 의미한다. 또한 하늘과 식물의 개념도 아우른다. 지금도 청색은 푸르른 생명을 상징하는 한편 삿된 것을 물리치고 복을 기원하는 벽사기복의 색으로 통용되고 있다.

"해인사에 가면 감지금니경이란 것이 있어요. 쪽으로 진하게 물들인 한지에 금으로 글씨를 쓴 것인데, 여태껏 색깔 하나 바래지 않고 그대로 남아 있습니다. 쪽은 항균 기능이 뛰어나거든요. 800년 전의 것도 바로 지난주에 염색한 것처럼 나오지요. 방충 기능은 물론 항염 기능까지 있어 피부질환에도 효능을 발휘합니다.

주부습진의 경우, 천연염색을 하는 동안에 사라질 정도입니다."

천연염색은 몇 분 만에 끝나는 화학염색과 달리, 시간과 그 시간만큼의 수고가 더 따른다. 하지만 천연으로 얻은 색감은 눈을 피로하지 않게 하고 사람의 정서를 차분하게 만들어 준다. 또 천연염색을 하면 나중에 염료나 염색한 옷을 버리더라도 자연을 훼손시키지 않는다. 두드러기, 알레르기로 고생하는 피부에도 매우 좋은 역할을 한다. 즉 천연염색은 자연친화적이자 인체를 배려하는 염색이다.

"간혹 천연염색과 관련해 방송 출연을 하곤 하는데, 쪽염이 아토피에 좋다는 말을 하면 그 다음날 전화기에 불이 날 정도입니다. 또 천연염색이 얼마나 친환경적인지 얘기하면 그날부터 계속 어디서 어떻게 배우냐는 문의가 들어오더군요. 다들 건강을 지키면서 환경을 살리려는 '로하스적 삶'을 살려 많은 노력을 하는 것 같습니다."

그의 말대로 천연염색을 한 천이 아토피 피부질환을 앓고 있는 아이들의 가려움을 덜어 준다는 것이 알려진 후 자녀를 둔 젊은 주부들의 관심 폭이 커졌다. 아토피에 좋은 재료를 추천해 달라고 했더니 천연염색 재료는 다 좋지만 쪽은 특별히 더 좋다는 답이 나온다. 홍루까 장인 본인과 모친도 역시 쪽의 덕을 본 사람들이다. 쪽을 수확하는 계절은 한창 더위가 기승을 부리는 8월. 뙤약볕 아래서 풀베기를 하기에 모친은 햇빛 알레르기로 가려움이 심했는데 쪽염색 속옷을 입고는 증상이 완화되었다고 한다.

몸과 마음을 치유해 주는 자연의 색

"인간에게 필요한 물건을 만들더라도 자연에 해를 끼치지 않고 공존하는 방식을 찾아야 합니다. 화학 염색제는 수질오염과 토양오염의 한 원인이지요. 그러니 천연염색을 한다는 것은 결국 우리의 미래를 지키는 일이기도 해요. 천연염색은 천연섬유에만 물이 듭니다. 면에 나일론 실로 박음질한 것을 염색하면 실만 염색이 되지 않아요. 자연이 자연을 알아보는 거죠. 우리 몸도 자연적인 것이니 당연히 천연염색이 좋지 않겠습니까. 자연이 선사한 선물을 그대로 받아서 쓰면 몸도 저절로 치유되고 마음까지 맑아집니다."

마지막으로 그는 천연염색을 두려워하지 말라고 전했다. 명주나 면 등 작은 옷감에 천연염료를 들여서 머플러와 손수건 등 생활소품으로 삼는 일은 주부들뿐만 아니라 엄마의 도움만 있으면 아이들도 손수 할 수 있

는 일이라고 한다. 그는 천연염색은 자신만의 색깔을 찾아가는 과정이니 꼭 한 번쯤은 경험하라고 조언한다.

"인위적이지 않은 천연염색은 염색을 할 때마다 조금씩 다른 색이 나옵니다. '내일은 어떤 색이 나올까'하고 기대하게 되죠. 게다가 세상에 단 하나뿐인 색상이라는 점을 생각해 보세요. 우리의 천연염색, 정말 매력 있지 않습니까."

전통천연염색연구소 하늘물빛 http://www.macart.co.kr
수강 안내 및 전화 문의 010-3729-9970

Chapter 03

우리 집 밥상, 컬러푸드로 바꾸기

가장 건강한 식사법은 끼니 때마다 다섯 가지의 컬러푸드를 고루 섭취하는 것. 그렇다고 거창하게 생각할 필요는 없다. 시금치무침, 콩나물국, 두부부침, 검은콩조림 등 평소 우리 식탁을 차지하는 밑반찬들도 대표적인 컬러푸드들이다.

모둠콩 청국장

청국장은 대두를 발효시켜 담근 전통 발효식품으로 발효 과정에서 대두에 없던 항암물질이나 아미노산 등이 생성된다. 청국장 발효의 주역은 바실러스균인데 장내 부패균의 활동을 약화시키고 병원균에 대한 항균 작용을 하며 유해 물질을 흡착하고 배설하는 작용을 하기도 한다. 두부나 콩을 많이 넣어 찌개를 끓이면 염도가 걱정되는 고혈압 환자들도 부담 없이 먹을 수 있다.

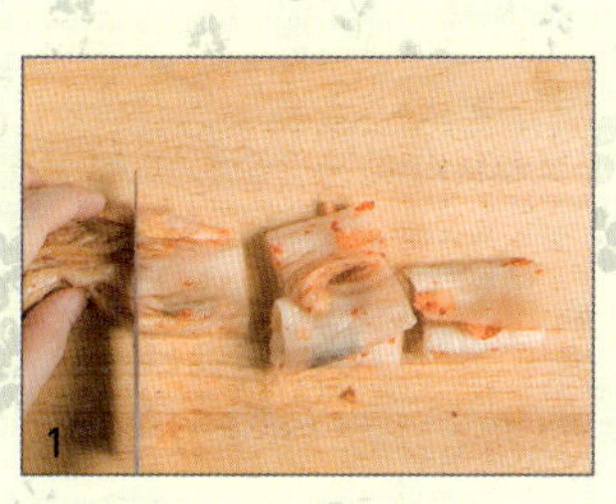

재료

배추김치	2줄기
홍고추	1/2개
대파	1/2대
두부	1/4모
포도씨오일	1큰술
다진 마늘	1/2큰술
멸치 다시마 육수	2컵
청국장	4큰술
모둠콩	3큰술
청양고추	1개
소금	약간
후추	약간

1 김치는 소를 대충 털어 내고 5센티미터 길이로 썬다.

2 고추와 대파는 어슷하게 썰고 두부는 1센티미터 두께로 썬다.

3 달군 냄비에 포도씨오일을 두르고 다진 마늘을 볶다가 김치를 넣고 나른하게 볶는다.

4 김치가 익으면 멸치 다시마 육수를 붓고 청국장 2큰술과 모둠콩을 풀어 끓인다.

5 콩이 익으면서 끓어오르면 대파와 청양고추, 홍고추를 넣고 소금과 후추로 간을 맞춘다.

6 남은 청국장과 두부를 넣고 한 번 우르르 끓인 후 불을 끈다.

향도 영양도 살아 있는 청국장

청국장의 영양성분은 열에 약하지만 전통 청국장의 진한 맛은 오래 끓일 때 더욱 깊어진다. 청국장을 나누어 넣으면 청국장의 영양성분도 살아 있고 진한 맛과 향기도 느낄 수 있다. 청국장에 콩을 부드럽게 익혀 넣으면 염도를 낮출 수 있으며 다양한 색의 효능도 맛볼 수 있다.

두부채소소박이조림

콩에는 사포닌이 많아 두부를 많이 먹으면 몸속의 요오드가 많이 배출된다. 요오드가 부족하면 혈액 생성이 원활하게 일어나지 않고 부종이 발생하므로 두부나 콩류 식품을 많이 먹는 사람은 다시마나 미역 같은 해조류를 같이 먹는 게 좋다. 채소도 충분히 곁들여 먹어 두부에 부족한 섬유질이나 비타민을 보충한다.

재료

부침용 두부	1/2모
소금	약간
후추	약간
포도씨오일	1큰술
애호박	1/6개
당근	1/6개
양파	1/4개
불린 표고버섯	1개

소 양념

다진 마늘	1/2큰술
참기름	1작은술
소금	약간
후추	약간

조림장

다시마 물	1/2컵
간장	2큰술
청주	1큰술
설탕	1작은술
후추	약간

1 두부는 수분을 제거한 후 3×4센티미터 크기로 도톰하게 썬 후 소금과 후추로 밑간한다.

2 밑간한 두부에 대각선으로 칼집을 깊숙하게 넣은 후 기름 두른 팬에 앞뒤로 노릇하게 지져 낸다.

3 애호박과 당근, 양파, 표고버섯은 4~5센티미터 길이로 곱게 채 썬다.

4 팬을 달군 후 기름을 살짝 두르고 3의 채소에 소 양념을 넣고 살짝 볶아 꺼낸다.

5 지져 낸 두부 칼집에 소를 채워 넣는다.

6 분량의 조림장을 자글자글 끓인 후 두부를 넣고 간이 배게 조려 낸다.

🍶 두부는 밑간하고 지진 후 조려야

두부는 수분이 많고 조직이 부드러워 조리는 중에 잘 부서지므로 미리 노릇하게 지지는 것이 좋다.
밑간을 하고 조리면 조직이 단단해지고 간이 배어 맛이 훨씬 좋아진다.

콩나물볶음

콩이 콩나물로 성장하면서 콩단백질은 줄어들지만 비타민C, 판토텐산, 아스파라긴산, 아미노산들이 늘어나고 섬유질이 풍부해진다. 피로 회복과 간장을 튼튼하게 해 주는 기능이 있어 숙취 해소에 효과가 좋다. 매일 단순하게 무쳐 먹었다면 화려한 색깔의 채소들과 함께 색다르게 볶아서 먹어 보는 것도 좋겠다.

재료

콩나물	1/2봉지
팽이버섯	1/2봉지
당근	1/6개
청·홍피망	1/2개씩
불린 표고버섯	1장
포도씨오일	약간

볶음양념

간장	1/2큰술
다진 마늘	1작은술
깨소금	1작은술
참기름	1작은술
유기농 설탕	약간
소금	약간
후추	약간

1 콩나물은 꼬리만 다듬어 자작하게 물을 부은 뒤 뚜껑을 덮고 삶아 식힌다.
2 팽이버섯은 밑동을 잘라내어 가닥을 나누고 당근, 청·홍피망, 표고버섯은 콩나물 굵기로 채 썬다.
3 분량의 재료를 섞어 볶음양념을 만든다.
4 팬을 달군 후 기름을 두르고 당근, 홍피망, 표고버섯을 볶는다.
5 표고버섯이 노릇하게 볶아지면 청피망, 팽이버섯, 콩나물, 볶음양념을 넣고 재빨리 볶아 식힌다.

🥄 질기지 않고 아삭한 콩나물

콩나물을 미리 익혀 넣어야 수분이 생기지 않아 모든 재료가 아삭하게 볶아진다. 안 익는 재료부터 먼저 볶은 후 콩나물을 마지막에 넣고 볶아야 실처럼 가늘어지면서 질겨지는 것을 막을 수 있다.

재료

쪽파	10대
당근	1/6개
홍고추	1/2개
김	10장

무침양념

간장	2큰술
고춧가루	1큰술
참기름	1큰술
조청	1/2큰술
통깨	1/2큰술

1 쪽파는 여러 번 헹구어 씻은 후 5~6센티미터 길이로 잘라 소금물에 살짝 데쳐 꼭 짠다.

2 당근과 홍고추는 5센티미터 길이로 곱게 채 썬다.

3 김은 바삭하게 구워 비닐봉지에 넣고 곱게 부순다.

4 무침양념을 만들어 쪽파와 당근, 홍고추 채를 살살 버무린다.

5 4에 부순 김을 넣고 가볍게 섞는다.

🍚 채소의 맛도 잘 살려서

쪽파는 데쳐서 무쳐야 매운맛과 아린 맛이 덜한데 너무 오래 데치면 풋내가 나므로 주의한다.
무침양념에 김부터 넣으면 김이 간을 흡수해 무침이 짜지니 채소부터 먼저 버무린 후 나중에 김을 넣는다.

김채소무침

김은 고단백 저칼로리 식품이며 식이섬유 함유량이 높아 각종 성인병 억제 및 피부 미용, 암 예방, 갑상선 치료 등에 도움을 준다. 하루 두 장 정도면 일일 필요 단백질과 무기질을 고루 섭취할 수 있다. 무침으로 먹으면 양을 늘릴 수 있어 더욱 효과적이다.

시금치파프리카볶음

시금치는 녹색이 짙을수록 영양가가 많은데 당근보다 비타민A가 더 많고 뿌리에 조혈성분인 구리, 망간, 단백질 등의 영양소가 풍부하므로 뿌리를 지나치게 잘라 내지 않는 것이 좋다. 여러 가지 색의 파프리카와 함께 기름에 볶으면 지용성 비타민의 흡수를 늘릴 수가 있다.

1 시금치는 밑동을 찬 물에 10분 정도 담갔다가 씻어 먹기 좋게 2∼3등분 한다.

2 파프리카와 양파는 4∼5센티미터 길이로 채 썬다.

3 달군 팬에 기름을 두르고 마늘을 볶아 향을 낸 후 시금치를 넣고 볶는다.

4 시금치가 숨이 죽기 시작 시작하면 파프리카와 양파를 넣고 소금과 후추로 간을 한다.

🥬 시금치 푸릇하게 데치려면

볶음을 하고 남은 시금치를 데칠 때는 끓는 물에 소금이나 식용소다를 조금 넣고 살짝 데치는데 뚜껑을 덮지 않아야 푸른색이 산다. 시금치가 충분히 잠길 정도의 물을 끓여 한 줌씩 나누어 데치는데 먼저 뿌리 부위를 끓는 물에 넣고 7∼8초간 지나면 잎까지 전부 넣는다. 조금씩 넣어 금방 찬물에 건져 내는 것이 색을 살리는 포인트다.

재료

갈치	1/2마리
굵은 소금	약간
단호박	1/4통
양파	1/2개
대파	1대
청양고추	2개
홍고추	1개
다시마 물	2컵

조림장

간장	2큰술
고춧가루	1큰술
다진 마늘	1큰술
청주	1큰술
조청	1큰술
참기름	1큰술
생강즙	1작은술
고추장	1작은술
된장	1작은술
후추	약간

1 갈치는 비늘을 제거하고 6~7센티미터로 토막 내어 흐르는 물에 씻은 후 굵은 소금에 잠시 절여 둔다.

2 단호박은 씨를 제거하고 껍질을 대충 벗긴 후 도톰하게 썬다.

3 양파는 굵게 채 썰고 대파, 청양고추, 홍고추는 어슷하게 썬다.

4 분량의 재료를 섞어 조림장을 만든다.

5 냄비에 단호박을 깐 다음 갈치를 올리고 양파, 고추, 대파를 올린 후 조림장을 끼얹고 다시마 물을 자작하게 부어 간이 잘 배도록 조린다.

🧆 단호박은 껍질도 같이

단호박의 영양성분은 껍질 쪽에도 많이 있으므로 껍질을 다 벗겨 내지 않는 게 좋다. 초록색의 껍질이 군데군데 보이면 식감도 좋고 영양성분 흡수율도 높아진다. 단호박이 없을 때는 청둥호박이나 늙은 호박을 쓰면 된다.

갈치단호박조림

갈치는 칼처럼 생겼다고 하여 칼치라고도 불린다. 갈치 껍질에 든 단백질은 주로 콜라겐이나 엘라스틴으로 이루어져 피부 미용에 좋다. 감자나 무와 조리는 데 싫증이 났다면 노란색의 먹음직스러운 단호박과 조려 보자. 비린 맛도 줄어들고 영양궁합도 좋아진다.

김치볶음감자밀쌈

김치는 담근 직후보다 숙성된 후 비타민 함량이 높은데, 적당한 숙성기간을 거친 김치로 하루 아스
코르브산 필요량의 80퍼센트 이상을 섭취할 수 있다. 김치는 속에 든 각종 양념들이 체액의 균형을
조절해 주고, 젓갈과 해산물들이 양질의 아미노산을 공급해 주는 과학적인 음식이다. 밀전병이나
밀쌈의 소 재료로 사용하면 매일 먹는 김치도 손님상 일품요리의 주인공으로 손색이 없다.

재료

김치볶음

김치	4줄기
양파	1/4개
새송이버섯	1/2개
풋고추	1개
홍고추	1개
포도씨오일	2작은술
설탕	1큰술

감자밀쌈

감자	1개
밀가루	3큰술
소금	약간
후추	약간
포도씨오일	약간

1 김치는 줄기만 준비하여 소를 털어 내고 국물을 짠 후 곱게 채 썬다.

2 양파, 새송이버섯, 풋고추, 홍고추는 김치 길이에 맞추어 곱게 채 썬다.

3 달군 팬에 기름을 두르고 채 썬 양파를 볶다가 김치 채와 설탕을 넣어 나른하게 볶는다. 여기에 홍고추, 새송이버섯, 풋고추를 순서대로 넣고 볶는다.

4 감자는 껍질을 벗기고 강판에 간 후 밀가루와 소금을 약간 섞어 기름을 조금만 두르고 얄팍하고 노릇하게 밀쌈을 부친다.

5 접시에 밀쌈을 돌려 담고 김치볶음을 한 젓가락씩 올려 낸다.

🍇 얇고 쫄깃한 감자밀쌈

감자밀쌈의 두께가 얄팍해야 김치볶음을 올려 말아 먹기가 좋다. 기름을 많이 두르지 않은 팬에 낮은 온도로 구워야 표면이 고르며 쫄깃한 감자밀쌈이 된다.

재료

애호박	1/2개
새우	5마리
양파	1/4개
당근	1/6개
쪽파	3대
다진 파	1작은술
다진 마늘	1/2작은술
포도씨오일	1큰술
소금	약간
흰 후추	약간

1 애호박은 5센티미터 길이로 잘라 반으로 가르고 네모나게 썬다.

2 1의 애호박을 심심한 소금물에 절여 부드럽게 한다.

3 새우는 꼬리 마디만 남기고 껍질을 벗겨 내장을 뺀다.

4 양파와 쪽파는 5센티미터 길이로 썰고 당근은 애호박과 같은 모양으로 썬다.

5 달군 팬에 기름을 두르고 다진 파와 마늘을 볶아 향을 낸다.

6 새우, 양파, 당근, 애호박, 쪽파의 순서로 볶고 소금과 후추로 간하여 낸다.

애호박은 소금물에 절여서

애호박을 소금물에 절였다 볶으면 미리 밑간이 배어 맛이 더욱 깊어지며
호박볶음에 수분이 겉돌거나 호박을 오래 볶아 색이 누레지는 것을 막을 수가 있다.
반달 모양으로 썰어 소금에 살짝 절인 애호박을 잘 씻고 꼭 짠 뒤 새우젓 간을 하여 볶으면
애호박새우젓나물이 된다.

애호박새우살볶음

애호박은 위와 비장을 보호하고 기운을 더해 준다. 당질과 비타민A와 C가 풍부하여 소화흡수가 잘 되기 때문에 위궤양 환자도 쉽게 먹을 수 있고, 아이들 영양식이나 이유식으로도 좋다. 씨에 들어 있는 레시틴은 치매 예방과 두뇌 개발의 효과가 있는데 어린 씨까지 먹을 수 있어 레시틴의 흡수율이 높다. 호박나물을 잘 먹지 않는 아이들도 컬러풀한 새우살볶음은 반찬 투정 없이 곧잘 먹는다.

굴부추볶음두부카나페

굴은 카사노바의 정력의 근원으로 알려져 있는데 아연이 풍부하게 들어 있어 정력을 증강시킨다. 양기를 북돋우는 부추 등과 먹으면 그 효능이 더욱 증대된다. 단백질이나 칼슘이 풍부하여 피부 미용이나 골다공증 예방에도 효과가 있다.

 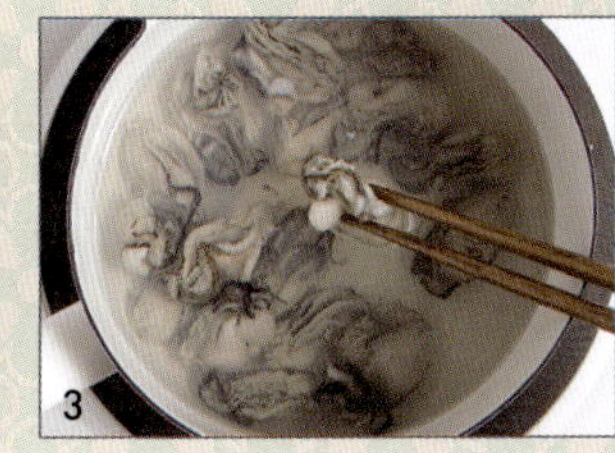 

재료

두부	1/2모
소금	약간
후추	약간
봉지 굴(작은 것)	1봉지
부추	1줌
풋고추	1개
홍고추	1개
양파	1/4개
올리브오일	1큰술

볶음양념

다진 파	1큰술
다진 마늘	1/2큰술
청주	1/2큰술
간장	2작은술
소금	약간
설탕	약간
후추	약간

1 두부는 키친타월로 감싸 도마나 접시로 눌러 수분을 뺀다.

2 수분이 적당히 빠진 두부를 1센티미터 두께로 썰고 소금, 후추를 뿌려 밑간한 후 노릇하게 굽는다.

3 굴은 옅은 소금물에 씻은 후 끓는 물에 살짝 데친다.

4 부추는 잘 씻은 후 4~5센티미터 크기로 썰고 풋고추, 홍고추와 양파는 곱게 채 썬다.

5 잘 달구어진 팬에 기름을 두르고 다진 파와 마늘을 볶아 향을 낸 후 양파, 홍고추, 풋고추, 굴, 부추 순으로 볶음양념과 함께 볶아 낸다.

6 접시에 구운 두부를 가지런히 담고 굴부추볶음을 두부 위에 올려 낸다.

🍶 한입에 쏙, 두부카나페

서양에서 카나페를 먹을 때 좀 뻑뻑한 빵이나 비스킷 위에 여러 가지 토핑을 올려 부드럽게 먹는 데 착안해서 담음새를 바꾼 요리이다. 굴부추볶음을 두부구이에 올리면 두부는 촉촉해지고 먹기 힘든 부추볶음을 한입에 먹을 수 있어 좋다.

주말의 아침 겸 점심, 간식 컬러푸드

게으름을 피워도 부담이 없는 주말 오전. 늦은 아침 겸 점심을 컬러푸드로 차려 보는 건 어떨까?
각종 야채와 과일의 색깔을 살린 샐러드와 신선한 주스, 다양한 야채와 해산물을 넣은 샌드위치.
조금만 신경 쓰면 영양도 풍부하고 맛도 좋은 근사한 식탁을 차릴 수 있다.

토마토연두부차조샐러드

차조는 메조보다 단백질과 지질이 많아 찰기가 있고 맛이 구수하다. 장기간 저장해도 맛의 변화가 없어 예부터 구황식품으로 사용되었다. 차조는 비장과 위장의 열을 없애 주고 기력을 회복시키며 설사를 멈추게 하는 효능이 있어 미음을 쑤어 먹으면 좋다. 부드럽게 삶아 샐러드에 곁들이면 톡톡 씹히는 맛이 이색적인 샐러드 재료가 된다.

재료

차조	3큰술
연두부	1모
토마토	2개
민들레	6줄기

양파 드레싱

올리브오일	3큰술
다진 양파	2큰술
식초	2큰술
발사믹식초	1작은술
소금	1작은술
유기농 설탕	약간
후추	약간

1 차조는 잘 씻어 불린 다음 부드럽게 삶아 건져 헹군다.

2 연두부는 면포로 수분을 제거한 후 한입 크기로 깍둑 썬다.

3 토마토는 끓는 물에 살짝 데쳐 껍질을 벗긴 후 7밀리미터 두께로 썬다.

4 민들레는 먹기 좋게 뜯어 찬물에 담갔다 건지고 바질은 곱게 채 썬다.

5 식초에 소금, 설탕, 후추를 고루 섞어 녹인 후 올리브오일과 다진 양파, 발사믹식초를 섞어 드레싱을 만들어 둔다.

6 접시에 민들레를 담고 토마토와 연두부, 차조를 올린 후 드레싱을 곁들여 낸다.

🥄 샐러드에 곁들이는 차조

차조는 알맹이가 작아 조심해서 손질해야 하는데 깨끗이 씻은 차조는 조리에 밭쳐 돌이 없도록 잘 인다. 살짝 불려서 체에 밭치고 부드럽게 삶은 후 헹궈 끈기를 없애고 샐러드에 곁들여야 드레싱이 잘 밴다.

재료

흑미	3큰술
소금	약간
후추	약간
레몬즙	약간
훈제연어 슬라이스	6장
미니아스파라거스	1팩
교나	5~6줄기
치커리	2~3줄기
양파	1/4개

크림치즈 드레싱

크림치즈	3큰술
플레인 요구르트	2큰술
다진 케이퍼	1큰술
레몬즙	1큰술
소금	약간
흰 후추	약간

1 흑미는 잘 씻어 불려 넉넉한 물에 소금 약간을 넣고 부드럽게 삶아 건져 헹군다.

2 훈제연어는 후추와 레몬즙을 뿌린 후 키친타월 위에 올려 기름기를 뺀다.

3 미니아스파라거스는 억센 줄기를 제거하고 소금을 약간 넣은 물에 살짝 삶아 건져 헹군 후 2~3등분 한다.

4 교나와 치커리는 한입 크기로 뜯어 찬물에 담갔다 건지고 양파는 곱게 채 썰어 찬물에 담갔다 건진다.

5 분량의 재료를 고루 섞어 크림치즈 드레싱을 만든 후 차게 보관한다.

6 접시에 아스파라거스와 교나, 치커리, 양파를 고루 섞어 담고 흑미를 뿌린 후
  연어를 올리고 드레싱을 곁들여 낸다.

🍄 깔끔하게 손질한 훈제연어

훈제연어는 기름기가 많고 특유의 향이 있어 꺼리는 사람들이 있다. 조리하기 전 후추와 레몬즙을 뿌려 재워 두면
비린내와 특유의 향이 어느 정도 제거되며 키친타월 위에 올려 두면 표면에 배어 나온 기름기가 제거된다.

훈제연어흑미샐러드

연어는 등푸른 생선 중에서도 오메가3 지방산이 풍부해 인기가 높다. 오메가3 지방산은 생선 기름에 풍부한 성분으로 중성지방을 낮추고 혈액순환에 도움을 준다. 샐러드나 샌드위치 재료로 연어를 이용하면 몸에 좋은 지방을 섭취할 수 있다.

바나나너트샌드위치와
오이오렌지주스

바나나는 자연산 수면제라 불리는 세로토닌의 생성을 돕고 근육을 이완시키는 마그네슘을 함유해
불면증에 효과가 있으며 칼륨이 들어 있어 부종을 예방하고 수분 대사를 조절해 준다.
바나나를 으깨어 소로 사용하면 천연의 잼 같은 맛과 질감을 느낄 수 있다.

바나나너트샌드위치

재료

바나나	2개
견과류(호두·땅콩·아몬드)	2큰술
달걀	1개
우유	1/2컵
소금	약간
식빵	4장
포도씨오일	1큰술
유기농 설탕	1큰술
계피가루	약간

1 바나나는 포크로 으깨고 견과류는 잘게 다져 으깬 바나나와 섞는다.
2 볼에 달걀, 우유, 소금을 넣고 잘 푼다.
3 식빵에 1의 소를 잘 펴 바른 후 다른 식빵을 덮어 꼭 누르고 2의 달걀물에 담가 옷을 입힌다.
4 달군 팬에 기름을 두른 후 앞뒤로 노릇하게 구워 낸다.
5 샌드위치를 먹기 좋게 자른 뒤 설탕과 계피가루를 뿌려 접시에 담아 낸다.

오이오렌지주스

재료

오이	1개
오렌지	1개
얼음물	1/4컵

1 오이는 잘 씻어 돌기를 제거하고 썬다.
2 오렌지는 과육만 발라낸다.
3 믹서에 오이, 오렌지 과육, 얼음물을 담고 곱게 갈아 낸다.

 **바나나는 레몬즙으로 갈변 방지**

바나나를 으깨면 갈변하여 색이 곱지 않다. 하얀색을 유지하려면 바나나를 으깬 후 레몬즙을 뿌리면 좋다.

재료

감자	2개
달걀	1개
양파	1/4개
당근	1/4개
양송이버섯	1개
올리브오일	약간
완두콩	1큰술
강낭콩	1큰술
소금	약간
후추	약간

1 감자는 잘 씻어 부드럽게 찐 후 껍질을 벗겨 뜨거울 때 으깨어 놓는다.

2 달걀은 잘 삶아 체에 내려 으깨어 놓는다.

3 양파와 당근, 양송이버섯은 곱게 다져 기름을 두른 팬에 각각 볶아 놓는다.

4 완두콩과 강낭콩은 소금물에 부드럽게 삶아 식힌다.

5 볼에 모든 재료를 넣고 소금과 후추를 약간 넣어 반죽한 후 동글납작하게 빚는다.

6 기름을 두른 팬에 노릇하게 지져서 샐러드 채소와 곁들여 낸다.

🍔 버거반죽은 질지 않게

양파와 당근, 콩 등 버거에 들어가는 채소는 미리 익혀야 반죽이 질어지지 않아 구울 때 늘어지는 것을 막을 수가 있다. 반죽이 조금 질다면 녹말가루나 빵가루를 조금 넣어 찰기 있게 치댄 후 모양을 만든다.

감자채소버거

감자의 단백질은 인체 기관의 기능을 강화하고 섬유질은 변비를 개선하며 칼륨은 나트륨을 배출해 고혈압을 치료하고 철분은 빈혈 예방에 도움이 된다. 감자의 탄수화물은 흡수 속도가 매우 느려 급격한 혈당 상승을 가져오지 않아 당뇨 환자에게 좋다. 고기를 좋아하는 어린이들에게 버섯이나 콩고기를 더하여 감자채소버거를 만들어 주면 비만 걱정 없이 즐길 수 있다.

오자죽과 구운 채소

죽은 여러 가지 곡식과 견과류, 채소들을 충분히 호화시켜 흡수되기 좋은 상태로 만들기 때문에 노약자의 건강식으로 알맞다. 곡류나 채소가 사용되는 양보다 부피가 크고 포만감을 주므로 다이어트식으로도 좋다. 다섯 가지 씨앗이 고루 들어간 오자죽은 곡물과 씨앗의 영양이 살아 있는 음식이다.

오자죽

1 쌀은 잘 씻어 한 시간 정도 불린 후 체에 밭친 다음 물 1컵과 믹서에 넣고 쌀알이 반쯤 보이게 간다.
2 호두는 속껍질을 벗겨 내고 복숭아씨와 살구씨는 찬물에 하룻밤 정도 담가 쓴맛을 우린 후 속껍질을 벗긴다.
3 호두, 깨, 잣, 복숭아씨, 살구씨의 다섯 가지 씨앗과 물 2컵을 믹서에 넣고 곱게 갈아 체에 밭친다.
4 냄비에 참기름을 두른 후 쌀알을 투명하게 볶다가 물 2컵을 부어 부드럽고 퍼지게 끓인다.
5 쌀알이 퍼지면 체에 밭친 씨앗 간 물을 넣고 농도가 나게 끓인 후 소금과 곁들여 낸다.

재료

쌀	1/2컵
물	5컵
호두	3알
복숭아씨	1작은술
살구씨	1작은술
깨	1큰술
잣	1큰술
참기름	1작은술
소금	약간

구운 채소

1 애호박과 파프리카는 잘 씻고 어슷하게 썰어 올리브오일, 소금, 후추에 버무려 석쇠나 그릴에 노릇하게 굽는다.
2 분량의 재료를 섞어 오일소스를 만든다.
3 채소를 고루 담고 오일소스에 버무린 다음 파슬리 가루를 뿌려 낸다.

재료

애호박	1/4개
노랑색 파프리카	1/4개
주황색 파프리카	1/4개
빨간색 파프리카	1/4개
올리브오일	적당량
소금	약간
후추	약간
파슬리 가루	약간

오일소스

올리브오일	2큰술
발사믹식초	1큰술
다진 마늘	1/2큰술
소금	1/2작은술
후추	약간

🍑 복숭아씨와 살구씨는 쓰지 않게

복숭아씨와 살구씨는 껍질에서 쓴맛이 나 그대로 갈아 넣으면 죽이 너무 써진다. 찬물에 담가 쓴맛을 우려낸 후 만들되 속껍질은 벗기고 하얀 속살만 넣는다.

현미인절미구이와 과일꼬치

현미는 비타민B_1, B_2, 당질, 단백질, 지방질, 광물질, 식이섬유 등 거의 모든 영양소가 들어 있다. 쌀겨에 많은 식이섬유는 변의 양을 많게 하고 장벽을 자극, 장의 연동운동을 도와 변비를 해소하고 유해물질의 흡수를 억제, 배설하여 대장암을 예방하는 효과가 있다. 깔끄러워 밥으로 먹기 힘들다면 가래떡이나 인절미로 만들어 부담 없이 먹을 수가 있다.

재료

현미찹쌀가루	3컵
소금	1작은술
설탕	1큰술
꿀	약간
여러 가지 과일	약간

1 현미찹쌀은 충분히 불렸다가 물을 빼고 방앗간에서 곱게 빻아 온다. 남은 가루는 냉동 보관해 두고 쓴다.
2 찹쌀가루 3컵에 소금과 설탕을 고루 섞어 김이 오른 찜통에 25분 정도 찐다.
3 2를 방망이로 끈기가 생기게 치댄 후 모양을 만들고 먹기 좋은 크기로 썰어 냉동 보관한다.
4 냉동한 떡을 해동한 후 프라이팬에 구워 꿀을 곁들인다.
5 과일은 껍질을 벗긴 다음 한입 크기로 썰고 색깔별로 꼬치에 꿰어 인절미구이와 함께 낸다.

떡은 냉동 후 해동하여 쫄깃하게

막 만들어 말랑한 떡을 바로 프라이팬에 구우면 형체가 없이 녹아 버린다.
미리 인절미를 만든 후 냉동시켰다가 필요한 만큼만 떼어 내서 해동하면 질감도 좋고 양도 조절할 수 있어 좋다.

단호박영양달걀찜

단호박은 녹말과 무기염류가 풍부하고, 비타민B, C가 많이 들어 있어 주식 대용으로 먹기도 한다.
전체가 짙은 초록색을 띠며 밑동 쪽이 약간 노르스름하고, 밑을 눌러 보았을 때 무르지 않고 단단해
야 신선한 것이다. 껍질은 단단하고 두꺼우며 골이 깊고 윤기가 있는 것이 좋은데 속을 파내고 달걀
이나 밥 등을 채워 찌면 한 끼 식사로도 든든하다.

재료

미니단호박	2개
달걀	3개
우유	1/2컵
소금	약간
후추	약간
불린 표고버섯	1장
은행	2알
대추	2알
쪽파	3대

1 미니단호박은 속을 파낸 후 김이 오른 찜통에 10분 정도 쪄 낸다.

2 달걀은 잘 풀어 우유, 소금, 후추와 섞어 체에 거른다.

3 불린 표고버섯과 껍질 벗긴 은행, 대추, 쪽파는 잘게 다진다.

4 체에 내린 달걀에 3의 채소를 고루 섞어 1의 단호박에 넣는다.

5 4를 김이 오른 찜통에 넣고 25~30분 정도 찐 후 꼬챙이로 찔러 보아
묻어나지 않으면 꺼내 식힌 후 먹기 좋은 크기로 잘라 낸다.

단호박을 익힌 후 달걀을 넣어야

단호박을 미리 익혀야 달걀물이 고르게 속까지 잘 익는다. 익히지 않은
단호박에 달걀을 부으면 호박이 달걀물의 수분을 흡수하여 익지 않는다.

고구마밤콩수프

고구마는 베타카로틴이 풍부하고 비타민E의 함량이 높아 항산화 작용을 하며 칼륨이 풍부해 몸속
에 남은 나트륨을 배출시킨다. 비타민B_1이 쌀의 네 배나 들어 있는 밤은 호두, 잣과 같이 껍질에 싸
여 있는 건피과실 중 비타민C가 가장 많다. 너무 많이 먹으면 체할 수가 있는데 고구마와 같이 먹으
면 고구마의 풍부한 섬유질이 체하는 것을 막아 준다.

재료

고구마	2개
밤	10개
혼합 콩	2큰술
물	2컵
우유	2컵
생크림	1/2컵
소금	약간
후추	약간

1 고구마와 밤은 껍질을 벗긴 뒤 한입 크기로 자른다.
2 1의 고구마와 밤을 찬물에 담가 녹말을 뺀다.
3 혼합 콩은 잘 씻어 끓는 물에 부드럽게 데친 후 굵직하게 다진다.
4 냄비에 고구마와 밤을 넣고 분량의 물을 부어 중간 불에 뭉근하게 끓
   인다.
5 4의 재료를 한 김 식혀 믹서에 곱게 갈거나 체에 내린다.
6 퓌레 상태의 밤과 고구마에 우유를 넣어 끓이다가 생크림을 넣고 소
   금과 후추로 간을 한 후 혼합 콩을 올려 낸다.

녹말을 없애야 깔끔

고구마나 밤, 감자 등은 조리 전에 찬물에 담가 녹말을 제거하는 것이 좋
다. 녹말이 남아 있으면 팬이나 냄비 바닥에 들러붙고 국물 요리의 경우
색깔이 탁해진다.

친환경생활수기공모전 수상작 | **임은영**(대전광역시 중구 산성동)

친환경 살림으로 지키는 푸른 지구

환경공학과에 재학 중인 저는 졸업 후 환경계의 능력 있는 엔지니어가 되기를 희망하는 스물한 살 학생입니다.
제가 미래에 고도의 기술력과 자본으로 잿빛이 되어 가는 지구를 다시 푸른빛으로 돌리기 위한 유능한 엔지니
어를 꿈꾸고 있다면, 우리 집에는 잿빛으로 변해 가는 지구의 희미한 푸른빛을 지키는 환경 파수꾼이 한 분 계
십니다. 그 분은 바로 제가 가장 사랑하고 환경인으로서 존경하는 우리 어머니입니다.

어머니의 하루는 아침 일찍 마당의 꽃, 채소에 물을 주는 것부터 시작합니다. 옥상에는 방울 토마토, 상추, 고추, 깻잎 등이, 마당의 화단에는 라벤더부터 시작하여 제게는 다소 생소한 이름 모를 꽃까지 매우 다양한 종류의 식물이 많습니다. 어머니는 절대 농약을 사용하지 않습니다. 덕분에 우리 가족은 매일매일 신선한 유기농 채소를 먹으며 건강한 식사를 하고 있지요. 농약을 치지 않은 마당의 흙 속에는 셀 수 없을 만큼의 많은 지렁이들이 있어 흙을 더 기름지고 건강하게 해 줍니다. 흙이 좋아서인지 혹은 농약으로 식물을 괴롭히지 않아서인지, 아니면 지렁이가 도와서인지, 몇 달 전에는 심지도 않은 호박이 저절로 나기 시작하더니 지금은 무성하게 넝쿨째 자라 덕분에 맛있는 호박 반찬을 먹고 있답니다.

자연과 함께하는 어머니의 하루

예전부터 학교에서 개인적으로 꽃을 기르면 항상 한 학기가 끝날 무렵에는 병들거나 시들대로 시든 상태로 집에 가져오곤 했습니다. 그런 병든 꽃을 어머니께선 방학 동안 다시 싱그럽고 아름다운 꽃으로 되돌려 놓으셨습니다. 화초를 살리는 어머니만의 비법은 첫째, 꽃을 아끼는 마음, 둘째, 지렁이 덕에 긴강해진 흙, 셋째, 빗물과 쌀뜨물의 이용이었습니다. 환경오염으로 지금의 비는 산성을 띠어 토양을 더욱 황폐화시킨다고 배웠지만 사실 빗물에는 식물에게 좋은 다량의 영양분들이 들어 있다고 합니다. 그래서 어머니는 비가 오면 대야를 마당에 놓으시고는 빗물을 받아다가 그 물로 화분에 물을 주셨습니다. 또한 매일 쌀을 씻고 나면 생기는 쌀뜨물 역시 우리 집 꽃들의 몫입니다.

화분에 물을 주고 난 후 자고 있는 아버지와

저를 깨우고 그 밖의 분주한 아침을 보내고 나면 따뜻한 커피 한 잔이 어머니의 지친 몸을 일깨워 줍니다. 환경호르몬이 나오니 쓰지 말라고 그렇게 제가 잔소리를 해도 어머니는 종이컵에 타서 먹어야 더 맛있다며 항상 일회용 종이컵을 고집하십니다. 그렇지만 어머니가 사용하는 종이컵은 일회용이 아닙니다. 우리가 소위 일회용품이라 부르는 것들이 어머니께는 일회용이 아닌 것입니다. 종이컵은 물론이거니와 그 밖의 일회용 접시는 다시 세척하여 사용하고 오염이 덜한 젓가락은 화분에 꽂아 식물의 줄기를 묶어 식물이 옆으로 휘지 않도록 하는 지지대로 사용합니다. 일회용 마스크팩 역시 쓰고 난 뒤 다시 씻고 말려 재사용합니다.

버리는 것 없는 알뜰 살림법

이렇듯 어머니는 물건을 잘 버리지 않는 편이고 불가피하게 버릴 경우에도 철저하게 분리수거를 합니다. 어머니 덕분에 우리 집은 한 달에 10리터 쓰레기 종량제 봉투 한 장으로도 거뜬합니다. 아버지께서는 뭘 그렇게까지 하냐며 뭐라 하시지만 어머니의 고집은 당해 내지 못하십니다.

단순히 물건들만 철저하게 분리수거하는 것이 아닙니다. 우리 집에서는 음식물 쓰레기 역시 많이 생기지 않습니다. 먹고 남은 과일 껍질은 마당에 사는 토끼의 몫이고 그 밖의 음식물 쓰레기는 화단의 꽃을 빛나게 해 줄 소중한 거름이 됩니다. 어머니는 오래 놔두고 먹지 못하는 음식은 아예 처음부터 소량만 요리하고 행여나 남았을 때는 그 자리에서 다 드셔야 직성이 풀리십니다. 그런데도 날씬한 몸매를 유지할 수 있는 이유는 건강한 밥상 덕분이 아닐까 합니다.

어머니가 차리신 밥상에서는 인스턴트 음식을 찾아볼 수 없습니다. 반찬도 육류보다는 채식 위주로 차리십니다. 산에서 꺾어 온 나물, 옥상에서 기르는 신선한 채소, 김치와 쌀마저 시골에서 직접 재배한 귀중한 보약입니다. 우리 가족이 아프지 않고 건강을 유지할 수 있었던 비결 역시도 어머니의 건강한 밥상 덕분이 아닐까요.

건강한 밥상을 위해, 혹은 집에서 키울 수 없는 다른 음식 재료를 사기 위해, 어머니는 시장을 애용하십니다. 워낙 검소한 어머니 사전에 충동구매란 있을 수 없습니다. 장보기 전 사야 할 것들이 무엇인지 메모하고는 그 종이를 참고하며 장을 보십니다. 저는 어릴 적부터 어머니와 함께 장을 가곤 했는데 택시를 타면 3~4분밖에 걸리지 않을 거리를 땀 뻘뻘 흘려 가며 20분씩 걷는 게 너무 귀찮았습니다. 걷는 것보다 더 싫었던 것은 꽃무늬로 화려하게 장식된 천 재질의 장바구니였습니다. 할머니 몸뻬에서나 볼 법한 무늬라며 제발 좀 갖고 다니지 말라고 했던 철없는 제 모습이 기억나네요.

이렇게 환경을 지키면서 살림도 야무지게 하시는 우리 어머니는 재활용의 대가이기도 합니다. 가끔씩 간식으로 닭을 튀기고 남은 기름은 어머니의 손을 거쳐 때가 쏙 빠지는 빨래비누가 되고 유행이 지나 더 이상 신지 않는 제 샌들은 뒷부분이 오려진 후 어머니 전용 슬리퍼가 됩니다. 또한 꽃다발을 받고 많이들 버리는 꽃 포장용 그물망은 어머니의 손에서 수세미로

재탄생하기도 합니다. 워낙 거칠기 때문에 밥
그릇에 묻은 밥풀을 깨끗이 닦아낼 수 있고, 세
제를 묻히지 않아도 기름기 있던 그릇에서 뽀
드득 소리가 날 정도로 잘 닦입니다.

지구를 바꾸는 1퍼센트

어머니의 이런 생활 방식을 20년간 쭉 지켜보
고 배운 영향이 컸던 탓인지, 저 역시 환경에 관
심을 두고 환경계 직업에 종사하고 싶다는 생
각이 들었습니다. 아직까지 대다수의 사람들이
환경 문제는 자신들의 이야기가 아닌, 소수 환
경 전문직 종사자들의 몫이라 생각합니다. 아
마 친환경적인 삶이 불편하고 무언가 전문적인
지식이 필요하다고 느낀 것이겠죠.

하지만 에코라이프는 생각보다 가까이 있습
니다. 어머니의 친환경적인 생활도 따지고 보
면 그리 기발하지도 대단하지도 않을뿐더러 그

모든 것이 100퍼센트 환경을 위한 것도 아닙니
다. 그렇지만 조금만 더 생각하고 행동하면 환
경을 지킬 수 있을 뿐만 아니라 가정의 재산까
지 지킬 수 있답니다. 친환경적인 삶이란 친환
경이라는 수식어를 붙이기가 민망할 만큼 일상
적인 삶일 수도 있습니다.

우리가 매일 하는 행동 중에서 1퍼센트만 달
리 생각한다면, 모두의 행농이 단지 1퍼센트만
바뀐다면, 우리는 녹색 지구를 지킬 수 있을 것
입니다. 개개인으로 존재하는 1퍼센트는 단지
1퍼센트로 끝나지만 우리 모두를 합친 1퍼센트
는 거대한 시너지 효과를 일으킬 수 있습니다.
대한민국을 넘어선 세계 모든 사람들로부터의
시너지 효과를 기대합니다.

이 글은 「살림로하스」 시리즈 출간을 기념하여 살림출판사와
녹색연합, 한살림, 예장생협, 무공이네, 마이클럽이 공동으로
주최한 2009년 「친환경생활수기공모전」의 수상작입니다.

밥이 싫은 날에는 별미 컬러푸드

늘 장을 보지만 막상 식탁을 차리려면 먹을 게 마땅치 않을 때가 있다. 특히, 손님 초대나 아이들의 생일 파티 등 특별한 날에는 주부의 고민이 더 커진다. 이때 서로 잘 어우러지고 영양도 높은 식재료의 궁합이나 맛을 높일 수 있는 조리법, 그리고 먹음직스러운 색상을 자랑하는 몇 가지 채소와 과일만 있다면 일류 요리사 못지않은 실력을 발휘할 수 있을 것이다.

감자바지락옹심이

감자는 비타민A, B, C가 사과보다 풍부하고 탄수화물, 지방, 칼슘이 함유되어 있으며 충치 예방과
구내염, 피부병 예방에 탁월한 효능이 있다. 아트로핀이 함유되어 통증을 완화시키는 작용도 한다.

재료

감자	2개
애호박	1/4개
대파	1/2대
풋고추	1개
홍고추	1개
다진 마늘	1/2큰술
국간장	1/2큰술
소금	약간
후추	약간

바지락 육수

바지락	1컵
다시마	1쪽
물	4컵

1 감자는 껍질을 벗기고 강판에 갈아서 물을 2컵 정도 부어 고운 체나 베 보자기에 거른다.

2 1의 물을 가만히 두어 녹말을 가라앉히고 1의 건지와 섞어 소금 간을 하여 동글납작하게 빚는다.

3 해감을 뺀 바지락과 다시마를 넣고 육수를 끓인 후 체에 거르고 바지락은 따로 준비해 둔다.

4 애호박은 반달 모양으로 썰고 대파, 풋고추, 홍고추는 어슷하게 썬다.

5 3의 육수를 끓이다가 2의 옹심이를 넣어 익힌 다음 준비한 채소와 다진 마늘, 바지락을 넣고
한소끔 끓인 후 국간장과 소금, 후추로 간을 하고 불을 끈다.

쫄깃한 옹심이를 만들려면

옹심이가 말갛게 익으면서 떠오르면 다 익은 것이다. 옹심이 반죽이 너무 되직하면 익었을 때
질기고 맛이 없는데 질면 반죽하기가 힘드니 녹말가루를 약간 섞어 반죽한다.

  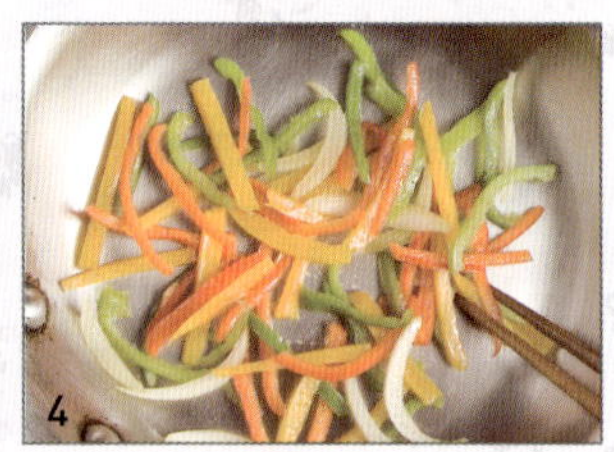

재료

미니파프리카	1팩
양파	1/4개
청피망	1/4개
두부	1/4모
포도씨오일	1큰술
간장	1큰술
유기농 설탕	1작은술
소금	약간
후추	약간
고추기름	1작은술

1 미니파프리카는 5센티미터 길이로 곱게 채 썬다.

2 양파, 청피망은 파프리카 길이에 맞추어 채 썬다.

3 두부는 1센티미터 두께의 나무젓가락 모양으로 썰어 기름을 두른 팬에 노릇하게 굽는다.

4 팬에 기름을 두르고 양파와 파프리카를 넣은 다음 간장과 설탕, 소금, 후추를 넣고 볶는다.

5 재료들이 고루 어우러지면 두부를 넣고 볶은 후 고추기름을 둘러 낸다.

🍶 고기 대신 두부잡채

고기 대신 두부구이를 넣은 잡채인데 두부의 수분을 제거하고 노릇하게 구우면
쫄깃한 질감이 고기 같은 느낌을 준다. 미리 구운 두부는 너무 익히면 질겨지므로 마지막에 넣는다.

파프리카두부잡채

파프리카는 딸기의 4배, 시금치의 6배, 토마토의 5배, 레몬의 2배 정도의 비타민C가 있고 비타민E도 많이 함유되어 있다. 각 색깔마다 성분의 구성비가 차이가 나므로 영양 면에서는 모든 색깔을 고루 섭취하는 것이 좋다. 여러 가지 색이 골고루 들어간 미니파프리카를 사용하면 편하다.

토마토가지냉소면

토마토와 가지는 대표적 여름 채소로서 성질이 차가운 편이라 몸이 냉한 사람은 많이 먹지 않는 게 좋다. 토마토나 가지의 영양성분은 거의 지용성이라 기름과 함께 먹는 게 좋다. 토마토와 가지를 듬뿍 넣은 비빔소면은 색도 고와 손님상 별미 요리로도 안성맞춤이다.

재료

방울토마토	15개
가지	1개
소면	2줌
새싹	1팩
얼음	약간

비빔양념장

백오이	1/2개
쪽파	5대
간장	3큰술
식초	2큰술
참기름	2큰술
깨소금	1큰술
유기농 설탕	1큰술
다진 마늘	1작은술

1 방울토마토는 2~4등분한 후 기름 두른 팬에 살짝 볶는다.

2 가지는 5센티미터 길이로 잘라 8~10등분하여 찜통에 찐 후 꼭 짠다.

3 소면은 끓는 물에 넣고 끓어오르면 찬물을 두 번 정도 부은 후 찬물에 바락바락 씻어 1인분씩 타래 지어 놓는다.

4 오이는 씨를 제거한 후 곱게 다지고 쪽파는 송송 썰어 분량의 재료와 섞어 비빔양념장을 만든다.

5 접시에 새싹과 가지, 방울토마토를 돌려 담고 소면과 얼음을 올려 비빔양념장과 곁들여 낸다.

오이와 쪽파가 씹히는 비빔양념장

양념장에 다진 채소를 넣으면 씹히는 맛과 향이 좋아지고 양념장이 짜지는 것을 막을 수가 있다. 참기름이나 다른 기름을 넉넉히 넣으면 가지나 토마토의 지용성 영양성분의 흡수가 좋아진다.

재료

생표고버섯	1장
새송이버섯	1개
양파	1/4개
양송이버섯	2개
건고추	1개
컬러파스타	2줌
올리브오일	2큰술
다진 마늘	1큰술
간장	1큰술
검은콩 두유	2컵
소금	약간
후추	약간
다진 파슬리	약간

1 표고버섯과 새송이버섯, 양파는 채 썰고 양송이버섯과 건고추는 모양을 살려 썬다.

2 컬러파스타는 끓는 물에 소금을 넣고 봉지 겉면에 표시된 분대로 삶아 체에 밭친다.

3 달군 팬에 올리브오일을 두르고 양파와 마늘, 건고추를 볶아 향을 낸다.

4 3의 팬에 버섯을 넣고 볶아 주다가 간장을 넣고 간이 배이게 고루 섞는다.

5 볶은 버섯에 두유를 넣고 바글바글 끓이다가 삶은 파스타를 넣고 고루 버무린 다음 소금, 후추로 간을 맞춘 후 파슬리를 뿌려 낸다.

🌰 두유로 파스타소스를 만들 때

두유는 단백질이 많아 지나치게 조리면 잔열로 농도가 더욱 되직하게 된다. 소스가 파스타에 촉촉하게 젖어 들기 시작하면 바로 불을 끄고 소금, 후추로 간을 한다. 두유가 약간 짭조름하므로 소금 양에 주의한다.

두유컬러파스타

두유는 콩을 삶아 물을 부어 믹서에 갈거나 체에 내린 음료로 여름에 열을 식히기 위해 콩국수로
먹거나 바쁜 아침 식사 대용으로 마시기도 한다. 60퍼센트 정도인 콩 단백의 흡수율은 두유나 두부
등으로 만들어 먹으면 85퍼센트 이상으로 높아진다. 생크림 대신 두유를 파스타소스에 이용하면
부드러운 맛은 비슷하나 칼로리는 훨씬 낮은 요리로 만들 수 있다.

열무오미자물냉면

오미자는 단맛, 신맛, 짠맛, 쓴맛, 매운맛의 다섯 가지 맛이 난다 하여 붙은 이름이다. 땀과 설사를 멈추게 하는 데 효험이 있어 여름철에 물 대신 마시면 좋은데 찬물에 우려야 좋지 않은 맛이 우러나지 않는다. 새콤달콤하게 양념하여 냉면 육수로 이용하면 색다른 냉면이 된다.

재료

냉면	3줌
신 열무김치	2줌
청오이	1/2개
배	1/4개
삶은 달걀	2개

오미자육수

오미자	1컵
물	8컵
식초	4큰술
유기농 설탕	4큰술
연겨자	1큰술
소금	1작은술

열무김치양념

설탕	1큰술
참기름	1/2큰술
깨소금	1/2큰술

1 오미자는 찬물에 담가 하룻밤 정도 우려 낸 후 나머지 양념을 넣고 간을 맞추어
  살얼음이 얼 정도로 차게 보관한다.
2 냉면은 가닥을 나누어 끓는 물에 삶아 바락바락 헹구어 1인분씩 타래 지어 놓는다.
3 열무김치는 국물을 살짝 짜고 분량의 양념으로 밑간 한다.
4 오이, 배는 곱게 채 썰고 달걀은 반으로 길게 갈라 고명을 만든다.
5 냉면 그릇에 냉면을 담고 고명을 고루 얹은 후 오미자육수를 부어 낸다.

깔끔하고 시원한 냉면

김치는 밑간을 해서 넣어야 신 맛이 줄어들고 깔끔한 맛이 난다. 열무김치 대신 무초절임이나 피클을 올려 먹어도 좋다. 냉면이나 냉국의 국물은 차가울수록 간이 맞고 맛있게 느껴지므로 가미를 한 후에 냉동실에 보관했다 낸다.

재료

오이	1개
당근	1/4개
양파	1/2개
불린 표고버섯	4장
색파프리카	1/4개씩
소금	약간
후추	약간
포도씨오일	약간
양장피	1장

겨자소스

물	2큰술
레몬즙	2큰술
연겨자	1큰술
유기농 설탕	1큰술
잣가루	1큰술
소금	1작은술
간장	약간
참기름	약간

1 채소들은 곱게 채 썰어 소금, 후추를 넣고 각각 볶아 식힌다.

2 분량의 재료를 섞어 겨자소스를 만든다.

3 양장피는 미지근한 물에 불렸다가 끓는 물에 말갛게 데친 후 헹군다.

4 3의 양장피에 2의 소스를 약간 덜어 버무린다.

5 접시 가장자리에 양장피를 돌려 담고 채소 볶음을 올린 후 소스를 곁들여 낸다.

🍚 양장피엔 볶은 채소

남은 채소들을 잘 볶아 식힌 후 양장피와 버무리면 색다른 요리가 만들어진다.

이때 표고버섯을 좀 넉넉히 넣으면 고기의 질감도 느낄 수 있는데 표고버섯은 따로 간장 양념하여 볶아 내면 더욱 좋다.

모둠채소양장피냉채

양장피는 전분껍질이 두 장으로 맞붙어 있다 하여 붙여진 이름인데 중국 요리 중 냉채 요리에 많이
등장한다. 갑작스레 손님이 왔을 때 색색 채소에 양장피만 곁들여도 근사한 냉채 요리가 된다.

과일냉잡채

과일에 풍부하게 들어 있는 비타민과 미네랄, 피토케미컬은 세포의 노화를 방지하는 강력한 항산화
작용을 한다. 피토케미컬은 색이 짙은 과일 껍질에 고루 분포하므로 다양한 과일을 껍질째 먹는 게
좋다. 색이 화려한 과일에 당면을 곁들이면 애피타이저로도 좋은 특별한 손님상 요리가 된다.

재료

당면	1줌
수박	1/8조각
키위	1개
파인애플 링	1개
배	1/4개
방울토마토	10개
오이	1개
당근	1/4개

잡채 양념

배	1/4개
식초	2큰술
연겨자	1큰술
매실청	2작은술
소금	1작은술
간장	약간
참기름	약간

1 배와 나머지 양념 재료를 넣고 믹서에 갈아 체에 거른다.

2 당면은 찬물에 담가 불려 끓는 물에 데치고 잡채 양념을 덜어 밑간한다.

3 과일과 채소들은 곱게 채 썬다.

4 접시에 과일과 채소를 돌려 담고 당면을 가운데 놓은 다음 양념을 끼얹어 낸다.

🍶 차갑게 내는 과일잡채

과일의 아삭한 맛을 살리려면 먹기 직전까지 차갑게 보관하는 것이 좋다. 손님 접대 시에는 곱게 채 썰어
설탕물이나 소금물에 담갔다 건진 후 서빙 직전까지 냉장고에 넣어 두는 것이 좋다.

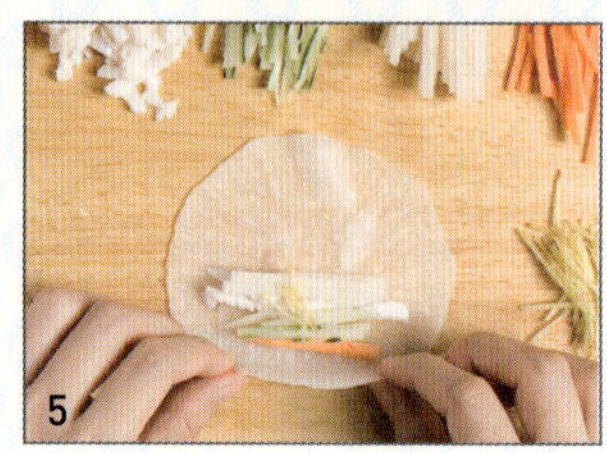

1 무는 채칼로 얇게 썰어 무절임물에 5분 정도 재웠다가 건져 물기를 없앤다.

2 칵테일 새우는 끓는 물에 살짝 데쳐 반으로 가른다.

3 오징어는 잘 손질하여 가로세로로 잔 칼집을 넣고 데친 후 식혀 곱게 채 썬다.

4 오이와 배, 당근은 5센티미터 길이로 곱게 채 썰고 생강은 껍질을 벗긴 다음 곱게 채 썰어 찬물에 담갔다 건진다.

5 절인 무에 오징어와 새우, 오이, 배, 당근, 생강 채를 고루 넣고 돌돌 말아 고정한다.

6 분량의 단촛물을 만들어 무쌈에 끼얹은 후 간이 푹 배도록 냉장고에 차게 두었다가 낸다.

🍶 무는 미리 절여서

무에 단촛물을 끼얹어 바로 내면 맛이 빨리 들지 않고 지린 맛이 날 수 있으므로 미리 밑간을 하여 부드럽게 한다. 무를 절일 때 생강즙을 곁들이면 무에서 나는 특유의 지린 맛과 냄새를 제거하는 데 효과적이다.

재료	
무	1/8개
칵테일 새우	10마리
오징어	1마리
오이	1개
배	1/2개
당근	1/6개
생강	1/2쪽

무절임물	
물	3컵
소금	1큰술
생강즙	약간

단촛물	
물	4큰술
매실청	2큰술
식초	2큰술
소금	1/2큰술

해물무쌈

무는 한방에서 열을 내리고 담을 삭히며 기를 순환하는 데 사용된다. 각종 소화효소가 고르게 들어 있어 어육류나 탄수화물과 같이 먹으면 식체가 줄어든다. 무에 풍부한 비타민C는 과육보다 껍질에 두 배 정도 들어 있으므로 껍질째 먹는 게 좋다. 새콤달콤하게 절여 각종 해물이나 고기를 싸서 내면 정갈하고 화려한 손님상 별미가 된다.

믿고 살 수 있는 친환경 매장

현재 국내 친환경 농산물의 인증은 국립농산물품질관리원에서 '저농약', '무농약', '전환기', '유기농' 네 종류로 구분하여 시행하고 있다. 저농약이란 유기합성농약과 화학비료는 기준 사용량의 2분의 1을 사용하되 제초제는 전혀 사용하지 않고 재배한 것을 말하며, 무농약이란 화학비료는 기준량의 3분의 1을 사용하되 유기합성농약과 제초제를 사용하지 않고 재배한 것을 말한다. 전환기란 무농약 재배를 시작한 후 유기농 인증을 받기 전까지 이행 기간 중 재배한 것을 말하고, 유기농이란 일정 기간 화학비료와 유기합성농약을 사용하지 않고 재배한 것으로 식품첨가물을 넣지 않고 유전자조작 식품이 아닌 것을 말한다. 이러한 상품을 파는 친환경 매장으로는 어떤 곳이 있는지 정리해 보았다.

● 생활협동조합

소비자가 조합원으로 가입하여 함께 운영하는 형태로 일정 출자금과 조합비를 납부해야 이용할 수 있다. 대부분 인터넷으로 주문할 수 있고 일주일에 1회 배송되므로 홈페이지를 참고한다. 곡물, 채소, 과일, 축산물, 장·양념 반찬 등의 기본 품목은 모든 생협이 비슷하지만 가공식품이나 생활용품 등은 생협마다 조금씩 다르다.

한살림
02-3498-3600 www.hansalim.or.kr

한살림은 한 집에서 살림하듯 더불어 살자는 뜻. 가입비와 출자금을 내고 조합원으로 가입하면 제품을 구입할 수 있다. 100퍼센트 국내산을 판매하는 것을 원칙으로 한다. 생명, 생태, 공동체를 기치로 한살림 운동을 전개한다.

- **매장** 서울·경기 50곳, 기타 지역 60곳
- **방법** 지역생협 조합원으로 가입한 뒤 출자금과 가입비 납부(지역마다 회원 가입 절차가 약간씩 다름)
- **배송** 지역매장별 주 1~2회 공급(주문 마감일 제도)
- **품목** 기본 품목 + 두부·어묵·묵 / 수산·건어물 / 떡·빵·잼 / 면·만두·피자 / 건강식품·꿀 / 차·음료·유제품 / 과자·빙과 / 화장품 / 생활용품

아이쿱생협(구. 한국생협연대)
1577-0178 www.icoop.or.kr

지역주민운동으로 출발한 부평생협을 모태로 1997년 경인지역생협연대를 출범한 뒤 현재 한국생협연구소를 비롯해 지역생협활동을 지원하기 위한 생협연합회와 유기농 도매시장을 운영한다.

- **매장** 서울 8곳, 경기 16곳, 기타 지역 41곳
- **방법** 지역생협 조합원으로 가입한 뒤 출자금과 조합비 납부(지역마다 조합비와 가입 절차가 약간씩 다름)
- **배송** 날마다 오후 11시 주문 마감 뒤 3일 내 배송
- **품목** 기본 품목 + 신선 가공식품 + 차·음료 / 수산물 / 건재 / 간식거리 / 건강식품 / 면·만두 / 친환경생활용품

두레생협연합회
02-3283-7290 www.dure.coop

'생협수도권연합회'를 모태로 출발. 2004년 '지역생명운동'이라는 새로운 정체성을 확립하고 '두레생협'으로 개칭했다. 생산이력시스템을 갖추고 있어 각 상품의 생산지, 생산자, 생산과정을 확인할 수 있다.

- **매장** 서울 12곳, 경기 29곳
- **방법** 지역생협에 가입한 뒤 출자금과 가입비 납부
- **배송** 지역 매장별 주 1회 공급(주문 마감일 제도)
- **품목** 기본 품목 + 가공식품 / 일일식품 / 차 · 음료 / 건강식품 / 생활용품 / 여름 기획 / 수산 · 건어물

정농생협
02-404-6247 www.jungnong.com

농민들의 모임인 정농회가 기반이 되어 운영되는 생활협동조합. 우리나라 조직적 유기농법 실천의 첫 출발점. 기존 4단계 인증을 넘어 물품에 따라 6~8단계로 기준 설정(비닐 멀칭, 퇴비의 질, 질산염, 종자, 경력 등을 종합적으로 고려).

- **매장** 서울 5곳
- **방법** 조합원으로 가입한 뒤 출자금과 가입비 납부(기본 교육 이수해야 함)
- **배송** 주 3회 공급(주문 마감일 제도)
- **품목** 기본 품목 + 두부 · 어묵 / 면 · 간식 / 가루음식 · 떡국 / 차 · 음료 / 건강보조식품 / 생활용품 / 화장품 / 천연염색 / 수산 / 건어물

풀무생협
041-633-3211 www.pulmu.or.kr

5백여 명의 친환경 생산자가 주축이 되어 만든 온라인 유기농 유통매장. 오프라인 매장은 없다. 일반회원으로 가입한 뒤 이용할 수 있다. 생산지가 홍성군 홍동면 일대에 밀집되어 있다.

- **매장** 없음
- **방법** 일반회원으로 가입한 뒤 이용 가능
- **배송** 당일 오후 10시까지 입금 확인 뒤 2일 내 배송
- **품목** 기본 품목 + 가루식품 / 간식 · 면 / 차 · 음료 / 건강식품 / 환경생활용품

여성민우회생협
02-581-1675 www.minwoocoop.or.kr

한국여성민우회가 주체로 농업 · 환경 · 지역 살리기 활동을 펼쳐 왔다. 지역주민과 조합원을 대상으로 환경, 친환경 소비, 식품안전, 요리, 건강 등 강좌와 생산지 견학 및 요리, 노래, 책읽기, 영화, 생태목공 등 소모임, 생산자 1일 점장제, 여성생산자, 소비자 교류회 등을 운영한다.

- **매장** 서울 · 경기 12곳, 기타 지역 1곳
- **방법** 조합원으로 가입한 후 출자금과 가입비 납부
- **배송** 주 1회 공급(주문 마감일 제도)
- **품목** 기본 품목 + 우리밀제품 / 건강식품 / 환경생활용품 / 수산 · 건어물 / 차 · 음료

인드라망생협
02-576-1882 www.budcoop.com

도농 공동체운동을 통한 도시와 농촌의 친환경농산물 직거래를 구상하고 불교귀농학교를 수료한 동문들이 전국 각지에서 생산한 생산물을 공급한다.

- **매장** 전국 사찰 4곳
- **방법** 조합원으로 가입한 뒤 출자금과 가입비 납부
- **배송** 월요일 주문 마감 / 매주 목요일 발송
- **품목** 기본 품목 + 일일식품 / 간식 / 친환경생활용품 / 수산물 / 우리밀제품 / 건강식품

우리생협
1588-1558 www.wooricoop.com

더불어 사는 행복 공동체를 꿈꾸는 우리생협은 자연을 사랑하는 것처럼 어려운 사람을 도우며 살아가는 조합원과 생산자가 함께 만든 생활공동체다. 가입비와 생산자 판매수익금의 일부는 불우 아동을 위해 사용되고 있다.

- **매장** 서울 · 경기 31곳, 기타 지역 46곳
- **방법** 조합원으로 가입한 뒤 가입비와 월회비 납부
- **배송** 지역매장별 주 3회 공급(주문 마감일 제도)
- **품목** 농 · 수 · 축산 / 건강식품 · 간식 / 김치 · 반찬 · 면류 / 생활용품 / 테마숍

● 유기농 유통전문매장

생활협동조합과는 조금 다르지만 다양한 친환경 상품을 많은 지역 매장에서 만날 수 있다.
여러 가지 참여활동을 통해서 소비자가 쉽게 유기농을 접할 수 있다.

무공이네
02-441-8266 www.mugonghae.com

친환경 유기농 식품을 비롯한 친환경 생활용품을 유통하는 곳으로 단순한 상품 유통뿐만 아니라 바른 생활문화를 만들어가는 곳이다.

- **매장** 전국 직영점 20여 곳 / 가맹점 11곳 / 농협 아침마루 입점
- **방법** 일반회원 / 로하스 회원(가입비와 월회비 납부 시 할인율 적용)
- **배송** 서울 · 경기 일부는 당일 배송 / 그 외는 익일 배송
- **품목** 기본 품목 + 간식 · 면 / 건강식품 / 차 · 음료 / 생활잡화 / 여성 / 문구 · 완구

초록마을
080-023-0023 www.hanifood.co.kr

초록마을 인터넷 사이트와 전국 2백여 초록마을 매장을 통해 국내에서 생산되는 친환경 유기농 식품 및 환경생활용품, 주류 등을 판매한다.

- **매장** 서울 46곳, 경기 50곳, 기타 직영점 111곳 / 가맹점 500여 곳
- **방법** 일반회원으로 가입한 뒤 구매가능
- **배송** 일반물품은 주문 뒤 익일 배송. 저온물품은 주문 이틀 뒤 배송
- **품목** 기본 품목 + 건강식품 / 간식 · 면 / 차 · 음료 / 생활용품 / 수산 · 건어물

유기농 녹색가게 신시
1644-6279 www.shinsi.com

(주)녹색세상의 유기농 유통 사업기구. 신시 매장을 시작으로 생태마을, 녹색문화사업, 출판문화사업 등을 운영하고 있다. 생산지 탐방 프로그램, 생태, 건강, 육아, 교육 등 다양한 분야의 정보 수록. 해외 유기농도 취급한다.

- **매장** 서울 · 경기 35곳, 기타 지역 80곳
- **방법** 일반회원으로 가입한 뒤 이용 가능
- **배송** 주 3회 공급(주문 마감일 제도) / 서울 · 경기 지역은 당일 배송
- **품목** 기본 품목 + 우리밀제품 / 간식 / 차 · 음료 / 건강식품 / 생활용품 / 수산 · 건어물

올가
080-596-0086 www.orga.co.kr

ORGANIC의 앞 네 글자를 줄인 '올가'는 풀무원에서 운영한다. 순수 한우, 아토피 전용 식품, 친환경 소재 생활용품 취급. 백화점과 대형할인마트 내 매장 운영, 체험상품, 산지체험 프로그램 운영, 매월 총매출액의 0.1퍼센트를 지구사랑기금으로 기부한다.

- **매장** 서울 · 경기 직영점 9곳, 전국 입점 매장 26곳(롯데백화점 등)
- **방법** 일반회원으로 가입한 후 구매 가능
- **배송** 서울 · 경기 지역 당일 배송 / 그 외 익일 배송
- **품목** 기본 품목 + 차 · 음료 / 건강식품 / 간식 · 면 / 생활용품 / 수산 · 건어물

유기농 미생채
02-3667-3691~3 www.misaengchae.com
www.healgreen.com

(주)GMF에서 운영하는 친환경 농산물 전문 유통점. 농민과 1천 여 명의 약사들이 참여. 뉴질랜드의 유기농 전문기업인 허클베리팜스&힐그린 또한 미생채가 운영한다. 아토피 등 건강제품에 강하다.

- **매장** 미생채–전국 19곳, 힐그린–전국 7곳
- **방법** 일반회원으로 가입한 후 구매 가능
- **배송** 전일 오후 5시 30분까지 주문 뒤 익일 배송
- **품목** 기본 품목 + 화장품 · 바디용품 / 허브 · 아로마 / 아토피 / 유기농의류

나에게 맞는 유기농 가게 찾기 

채식인이라면?

육식에 입맛이 젖은 사람들도 채식으로 식습관을 바꾸는 데 어려움이 없도록 콩과 글루텐(밀)을 사용해서 채식고기를 만든 제품과 달걀, 동물성 원료, 화학조미료, 방부제가 들어가지 않는 순수한 채식 웰빙 먹을거리를 제공한다.

베지푸드 www.vegefood.co.kr   **해바라기** ww.62nong.org
베지월드 www.vegeworld.net   **채식사랑비즌** www.vegn.co.kr
베지랜드 www.vegeland.com   **베지테리아** vegeteria.co.kr

직접 보고 사야 안심된다면?

온라인에서 직접 사는 것은 믿을 수 없다. 지역 매장에서 꼼꼼히 살펴보고 장을 보는 세심형이라면 살고 있는 지역에서 가까운 곳에 친환경 매장이 있는지 살펴본다.

- 아이쿱생협, 한살림, 두레생협, 정농생협, 여성민우회생협, ECO생협
- 무공이네, 초록마을, 올가, 미생채, 한마음유기농쇼핑몰, 유기농 녹색가게 신시, 유기농 스토리, 온라인 유기농도매센터, 총각네 야채가게

싱글에게 딱 좋은 매장은?

싱글은 적은 양을 파는 곳이 딱 좋다. 자주 장을 보지 않고 한번 장을 보면 냉장고에 넣어 오래 두고 먹는 이에게 소량 포장으로 판매하는 친환경 매장을 추천한다.

무공이네 www.mugonhae.com   **힐그린** www.haelgreen.com
농군마을 www.canaanmall.com   **이팜** www.efarm.co.kr
미생채 www.misaengchae.com   **올가** www.orga.co.kr

아이가 있는 집이라면?

아이가 있는 곳은 더더욱 먹을거리, 입을거리, 생활용품에 신경 쓰게 마련이다. 먹을거리뿐만 아니라 아이에게 필요한 각종 분유, 이유식, 기저귀, 유아화장품, 장난감 등 친환경물품을 판매하는 곳을 소개한다.

유기스토어 www.62store.com   **신시** www.shinsi.com
해가온 www.hegaon.com   **힐그린** www.healgreen.com
미생채 www.misaengchae.com

구입하는 것으로만 만족 못해!

생태환경운동에 관심이 있고 소비자와 생산자의 건강한 관계를 꿈꾸는 분들에게 생활협동조합을 추천한다. 조합원 신분으로 생산과 유통 과정에 함께 참여할 수 있으며 소비자인 조합원이 농산물의 품질을 인증하는 '자주인증제도'를 시행하는 곳도 있다. 보통 조합원들에게 다양한 교육과 활동을 제공한다.

두레생협 www.dure.coop
한살림 www.hansalim.or.kr
아이쿱생협 www.icoop.or.kr
여성민우회생협 www.minwoocoop.or.kr

산지체험에 가고픈 활동형

생산지 탐방과 주말농장, 논농사 체험 같은 생산 과정에 함께하거나 정월대보름, 단오, 가을걷이 등 절기별 축제를 하는 곳이다. 요리, 생태목공, 건강과 관련된 교육강좌와 지역회원 모임도 진행한다.

두레생협 www.dure.coop
콩세알 www.kongseal.com
여성민우회생협 www.minwoocoop.or.kr
인드라망생협 www.budcoop.com
신시 www.shinsi.com
무공이네 www.mugonghae.com
올가 www.orga.co.kr
한마음공동체 www.yuginong.co.k
한살림 www.hansalim.or.kr

아토피 벗어던지고파~

대개 친환경 매장은 먹을거리가 중심이지만 매끈한 피부와 건강한 몸을 가꾸고 싶은 몸짱형을 위한 건강용품 및 생활용품이 많은 곳도 있다.

미생채 www.misaengchae.com
웰빙지기 www.wbzigi.co.kr
신시 www.shinsi.com
여성민우회생협 www.minwoocoop.or.kr

골고루 먹어야 건강하다

빛깔 담은 자연밥상

펴낸날	초판 1쇄 2010년 2월 25일
	초판 3쇄 2012년 1월 10일

지은이	김영빈
펴낸이	심만수
펴낸곳	(주)살림출판사
출판등록	1989년 11월 1일 제9-210호

경기도 파주시 문발동 522-1
전화 031)955-1350   팩스 031)955-1355
http://www.sallimbooks.com
lohas@sallimbooks.com

ISBN   978-89-522-1340-2   13590

※ 값은 뒤표지에 있습니다.
※ 잘못 만들어진 책은 구입하신 서점에서 바꾸어 드립니다.